21 世纪高职高专教学做一体化规划教材

单片机技术实验实训教程
（第二版）

主　编　周　越　郑　棣

副主编　范爱华　洪晓静　周家婕

中国水利水电出版社
www.waterpub.com.cn

内 容 提 要

本书是根据高职高专教育培养目标和单片机原理及应用课程教学实验实训的基本要求编写的，以 80C51 系列单片机为主线，以培养学生应用能力为宗旨，依托单片机超想-3000TB 综合实验/仿真系统，着力提高学生的实践技能和应用水平。

全书共分三部分：第一部分为单片机超想-3000TB 综合实验/仿真系统的功能介绍和模块分析；第二部分主要介绍了单片机最基本、最常规的基础性实验，包括 MCS-51 输入/输出接口实验、中断实验、定时/计数器实验、单片机常用接口电路实验和单片机串口扩展实验，旨在培养学生的实验能力和加强对单片机的认识与理解；第三部分主要介绍单片机功能性模块的综合性和拓展性实验，用以提高学生应用能力和编程技巧，深化对单片机深层次的认识，这是学生一次实际的演练，也是将来进行工程项目开发的基础。

本套教程内容丰富实用，通俗易懂，列举并分析了大量应用实例，可作为高职高专院校相关专业的专科教材，也可供从事单片机开发、应用的工程技术人员参考。

本书所有源代码及实验指导课件，读者可以从中国水利水电出版社网站和万水书苑免费下载，网址为：http://www.waterpub.com.cn/softdown/和 http://www.wsbookshow.com。

图书在版编目（CIP）数据

 单片机技术实验实训教程 / 周越，郑棣主编. -- 2版. -- 北京：中国水利水电出版社，2014.9
 21世纪高职高专教学做一体化规划教材
 ISBN 978-7-5170-2444-6

 Ⅰ. ①单… Ⅱ. ①周… ②郑… Ⅲ. ①单片微型计算机－高等职业教育－教材 Ⅳ. ①TP368.1

 中国版本图书馆CIP数据核字(2014)第204414号

策划编辑：石永峰　责任编辑：张玉玲　加工编辑：鲁林林　封面设计：李 佳

书　　名	21世纪高职高专教学做一体化规划教材 单片机技术实验实训教程（第二版）
作　　者	主　编　周　越　郑　棣 副主编　范爱华　洪晓静　周家婕
出版发行	中国水利水电出版社 （北京市海淀区玉渊潭南路1号D座　100038） 网址：www.waterpub.com.cn E-mail：mchannel@263.net（万水） 　　　　sales@waterpub.com.cn 电话：（010）68367658（发行部）、82562819（万水）
经　　售	北京科水图书销售中心（零售） 电话：（010）88383994、63202643、68545874 全国各地新华书店和相关出版物销售网点
排　　版	北京万水电子信息有限公司
印　　刷	北京蓝空印刷厂
规　　格	184mm×260mm　16开本　14.25印张　351千字
版　　次	2007年8月第1版　2007年8月第1次印刷 2014年9月第2版　2014年9月第1次印刷
印　　数	0001—3000 册
定　　价	28.00元

凡购买我社图书，如有缺页、倒页、脱页的，本社发行部负责调换

版权所有·侵权必究

第二版前言

2007 年我们编写了《单片机技术实验实训教程》教材，当时实验程序都是以汇编语言编写。随着国内单片机开发工具研制水平的提高，现在的单片机仿真器普遍支持 C 语言程序的调试，例如常见的 8051 系列单片机开发工具 Keil，这为单片机使用 C 语言编程提供了相当的便利。使用 C 语言编程不必对单片机和硬件接口的结构有很深入的了解，"聪明"的编译器可以自动完成变量的存储单元的分配，用户只需要专注于应用软件部分的设计就可以了，这样可以大大加快软件的开发速度，而且使用 C 语言设计的代码，很容易在不同的单片机平台进行移植，这样，在软件开发速度、软件质量、程序的可读性、可移植性等方面都是汇编语言无法比拟的。因此，在电子信息发展迅猛的年代，我们要掌握 8051 系列单片机的 C 语言编程技术。

单片机技术课程是一门实践性很强的理论与实践相结合的课程，实践教学环节是单片机课程不可缺少的重要环节。本书安排的实验旨在培养学生实际动手能力，锻炼学生的编程、调试能力，提高学生对单片机的软、硬件综合开发能力。

本书秉承陶行知先生的"教、学、做一体化"思想，按照由浅入深、由易到难的原则和教学大纲的要求，设计并编排了大量内容丰富的实验实训项目，旨在用生动趣味的实验，激发学生的学习兴趣。导入一个个知识点，用鲜活实用的典型范例，调动学生的积极思维，使学生在做每一个实验实训项目的具体操作过程中，领悟知识，掌握技能，理解思路，学会应用。真正体现了高职教育教学做一体化教学理念的显著特色。

本书共分三部分：第一部分为单片机超想-3000TB 综合实验/仿真系统的功能介绍和模块分析；第二部分主要介绍了单片机最基本、最常规的基础性实验，主要包括 MCS-51 输入/输出接口实验、中断实验、定时/计数器实验、单片机常用接口电路实验和单片机串口扩展实验，旨在培养学生的实验能力和加强对单片机的认识与理解；第三部分主要介绍单片机功能性模块的综合性和拓展性实验，用以提高学生应用能力和编程技巧，深化对单片机深层次的认识，这是学生一次实际的演练，也是将来进行工程项目开发的基础。

本书的特点是：针对性强——贴近高职高专学生实际，通俗易懂，便于阅读；层次性强——由浅入深，由易到难，循序渐进，逐步提升；趣味性强——实例引导，激发兴趣，增强学习者的自信心和成就感；实践性强——"做"字当头，乐在其中，在做中教，在做中学。另外，本书将实验程序用汇编语言和 C 语言同时编写，完成实验功能，这也是本书的一大特色。

本书由江海职业技术学院的周越副教授、郑棣、洪晓静、周家婕和扬州工业职业技术学院的范爱华副教授等老师共同编写。郑棣编写了第一章、第二章，周越编写了第三章和第四章，并制作了多媒体课件；范爱华编写了第八章，洪晓静编写了第五章和第六章，周家婕编写了第七章。在本书的编写过程中，我们得到了顾长华教授、丁红、魏斌、赵琳琳、高明等教师的关怀和指导，在此表示衷心的感谢。

由于编者的水平所限，书中难免存在缺点和错误，敬请广大读者给予批评指正。

编者
2014 年 8 月

第一版前言

传统的单片机教学，均是以单片机的结构为主线，先讲单片机的硬件结构，然后讲指令、软件编程，接着是单片机系统的扩展和各种外围器件的应用，最后再讲一些实例。这种先理论后实践、教做分离的教学模式，使高职高专学生普遍感到学习困难。

伟大的教育家陶行知先生一贯倡导"教学做合一"的教学思想，指出"教学做是一件事，不是三件事，我们要在做中教，在做中学"。他认为，学习首先要唤起学生的学习兴趣，"学生有了兴味，就肯用全副精神去做事体，所以'学'与'乐'是不可分离的"。

本书秉承陶行知先生的这些思想，按照由浅入深，由易到难的原则和教学大纲的要求，设计编排了大量内容丰富的实验实训项目，旨在用趣味生动的实验激发学生的学习兴趣。通过导入一个个知识点，用鲜活实用的典型范例调动学生的积极思维，使学生在每一个实验实训项目的具体操作过程中，领悟知识，掌握技能，理解思路，学会应用，真正体现了高职教育教学做一体化教学理念的显著特色。

全书共分三部分。第一部分为单片机超想-3000TB 综合实验/仿真系统的功能介绍和模块分析；第二部分主要介绍了单片机最基本、最常规的基础性实验，主要包括软件实验、MCS-51 输入/输出接口实验、中断实验、定时/计数器实验、单片机常用接口电路实验和单片机串口扩展实验，旨在培养学生的实验能力和加强学生对单片机的认识与理解；第三部分主要介绍单片机功能性模块的综合性和拓展性实验，提高学生的应用能力和编程技巧，深化学生对单片机的认识，这是一次实际的演练，也是学生将来进行工程项目开发的基础。

本书的特点是：针对性强——贴近高职高专学生实际，通俗易懂，便于阅读；层次性强——由浅入深，由易到难，循序渐进，逐步提升；趣味性强——实例引导，激发兴趣，增强学习者的自信心和成就感；实践性强——"做"字当头，乐在其中，在做中教，在做中学。

本书由江海职业技术学院的周越副教授、扬州职业大学的张平副教授、扬州工业职业技术学院的王斌副教授、扬州环境资源职业技术学院的陈爱文讲师编写。周越编写了第 1 章～第 4 章，并制作了多媒体课件，张平编写了第 9 章，王斌编写了第 5 章和第 6 章，陈爱文编写了第 7 章和第 8 章。另外，在程序的编制和软件的调试过程中，郑棣做了大量的工作，并为课件配音。在本书的编写过程中，一直得到郭振民教授的关怀和指导，在此表示衷心的感谢。

由于编者的水平所限，书中难免存在缺点和错误，请广大读者给予批评指正。

编者
2007 年 7 月

目 录

第二版前言
第一版前言

第一部分　单片机实验系统功能介绍

第1章　恒科 Keil C 超级仿真器使用说明………… 1
1.1　创建 Keil C51 应用程序的步骤 …………… 1
1.2　Keil C 软件的操作说明 …………………… 1
1.3　说明 ………………………………………… 6
1.4　注意 ………………………………………… 7
第2章　实验模块介绍 …………………………… 8
2.1　实验模块 …………………………………… 8
　2.1.0　模拟信号发生器 ……………………… 8
　2.1.1　138 译码器 …………………………… 8
　2.1.2　开关量发生器 ………………………… 9
　2.1.3　信号发生器 …………………………… 9
　2.1.4　发光二极管组 ………………………… 10
　2.1.5　步进电机实验电路 …………………… 11
　2.1.6　D/A0832 模块 ………………………… 11
　2.1.7　音响实验 ……………………………… 12
　2.1.8　PWM 模块 …………………………… 12
　2.1.9　RS232 通信模块 ……………………… 12
　2.1.10　ADC0809 模块 ……………………… 13
　2.1.11　分频器模块 ………………………… 13
　2.1.12　EPROM27256 扩展模块 …………… 14
　2.1.13　V/F 压频转换 ……………………… 14
　2.1.14　RAM6264 扩展模块 ………………… 14
　2.1.15　DALLAS12887 时钟模块 …………… 15
　2.1.16　8155 键显模块 ……………………… 15
　2.1.17　霍尔传感器 ………………………… 16
　2.1.18　直流电机 …………………………… 17
　2.1.19　122×32LCD 液晶显示模块 ………… 17
　2.1.20　点阵 LED 模块 ……………………… 17
　2.1.21　压力传感器 ………………………… 17

　2.1.22　微型打印机接口 …………………… 19
　2.1.23　温度传感器 ………………………… 19
　2.1.24　LED 发光二极管总线驱动 ………… 19
　2.1.25　逻辑笔电路 ………………………… 20
　2.1.26　复位电路 …………………………… 21
　2.1.27　红外线发送/接收电路 ……………… 21
2.2　常用逻辑门电路 …………………………… 21
2.3　直流电源外引插座 ………………………… 21
2.4　自由实验插座 ……………………………… 22
2.5　总线插孔 …………………………………… 23
2.6　空间分配 …………………………………… 23

第二部分　基础实验

第3章　MCS-51 输入/输出接口实验 …………… 24
3.1　实验一　发光二极管循环左移实验 ……… 24
3.2　实验二　8 路指示灯读出 8 路拨动开关
　　　　　　的状态 ………………………………… 26
3.3　实验三　P1 口转弯灯实验 ………………… 27
3.4　实验四　广告灯设计（利用取表方式）… 30
3.5　实验五　一键多功能按键识别实验 ……… 32
3.6　实验六　P3 口输入，P1 口输出实验 …… 35
第4章　中断实验 ………………………………… 40
4.1　实验七　外部中断实验 1（亮灯闪烁
　　　　　　实验）………………………………… 40
4.2　实验八　外部中断实验 2（喇叭报警
　　　　　　实验）………………………………… 43
4.3　实验九　中断嵌套实验 …………………… 46
4.4　实验十　中断实现数码管加 1 减 1 ……… 49
第5章　定时/计数器实验 ………………………… 52
5.1　实验十一　定时器实验 1（P1.0 状态
　　　　　　　取反）……………………………… 52

5.2 实验十二 定时器实验2（时序控制）… 54
5.3 实验十三 定时器 T1 计数实验 ………… 57
5.4 实验十四 定时器实验3（T0 中断实现《渴望》主题曲的播放）………… 59

第 6 章 单片机常用接口电路实验 ………… 62
6.1 实验十五 一位数码管显示实验 ………… 62
6.2 实验十六 单片机的受控输出显示实验 1（数码管循环显示）………… 66
6.3 实验十七 单片机的受控输出显示实验 2（显示并报警）………… 70
6.4 实验十八 数码管计数显示实验 ………… 74
6.5 实验十九 数码管显示（散转程序）实验 ………… 76
6.6 实验二十 6 位数的计数器实验 ………… 80
6.7 实验二十一 电子音响实验 1（救护车声报警）………… 85
6.8 实验二十二 电子音响实验 2（喇叭爬音演奏）………… 88
6.9 实验二十三 电子音响实验 3（歌曲演奏）………… 91
6.10 实验二十四 A/D 转换实验（发光二极管显示）………… 96
6.11 实验二十五 A/D 转换实验（数码管显示）………… 98
6.12 实验二十六 可编程 I/O 接口芯片 8255 实验 ………… 100

第 7 章 单片机串口扩展实验 ………… 103
7.1 实验二十七 八段数码管滚动显示实验 … 103
7.2 实验二十八 键盘扫描显示实验 ………… 108
7.3 实验二十九 脉冲计数（定时/计数器记数功能实验）………… 118
7.4 实验三十 DA0832 转换实验 ………… 124

第三部分 单片机综合实验

第 8 章 单片机综合实验 ………… 131
8.1 实验三十一 音乐选择播放实验 ………… 131
8.2 实验三十二 电子琴实验 ………… 140
8.3 实验三十三 步进电机控制实验 ………… 145
8.4 实验三十四 RAM 扩展实验 ………… 153
8.5 实验三十五 工业顺序控制（INT0、INT1）综合实验 ………… 158
8.6 实验三十六 扩展时钟系统实验（DS12887）………… 162
8.7 实验三十七 V/F 压频转换实验 ………… 174
8.8 实验三十八 力测量实验 ………… 179
8.9 实验三十九 温度测量实验 ………… 185
8.10 实验四十 直流电机转速测量与控制实验 ………… 189
8.11 实验四十一 点阵 LED 广告屏实验 … 199
8.12 实验四十二 红外线遥控实验 ………… 203
8.13 实验四十三 PWM 实验 ………… 216

附录 单片机芯片引脚图 ………… 219
参考文献 ………… 222

第一部分 单片机实验系统功能介绍

第1章 恒科 Keil C 超级仿真器使用说明

1.1 创建 Keil C51 应用程序的步骤

一般可以按照下面的步骤来创建一个自己的 Keil C51 应用程序：
（1）建一个项目文件。
（2）工程选择一个目标器件（如 ATMEL89C51）。
（3）创建源程序文件，输入程序代码并保存。
（4）把源文件添加到项目中。
（5）为工程项目设置软硬件调试环境。
（6）编译连接项目文件。
（7）硬件调试或软件调试。

1.2 Keil C 软件的操作说明

（1）新建一个项目文件。
首先启动 Keil uVision3 程序，进入 uVision3 界面。单击"项目"→"选项"命令，准备开始建立自己的项目，如图 1.1 所示。

图 1.1 "新项目"选项

在如图 1.2 所示的对话框中，输入工程文件名称，并选择保存工程文件的路径。
（2）为项目文件选择一个目标器件（如 ATMEL89C51），如图 1.3 所示。
右击项目工作区的目标 1，在弹出的菜单中选择"为目标'目标 1'设置选项"命令，如图 1.4 所示。

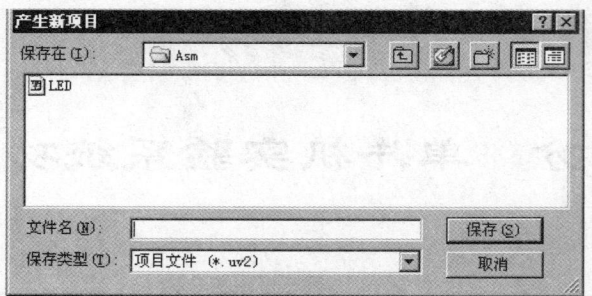

图 1.2 "产生新项目"对话框

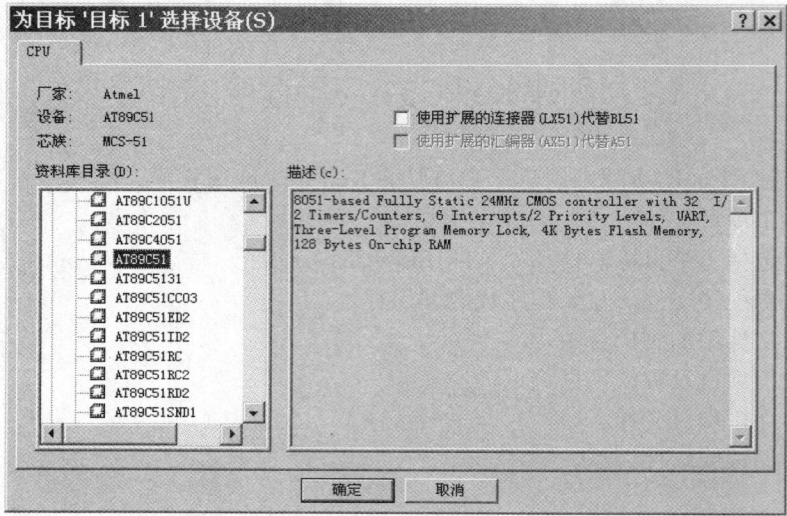

图 1.3 选择目标器件

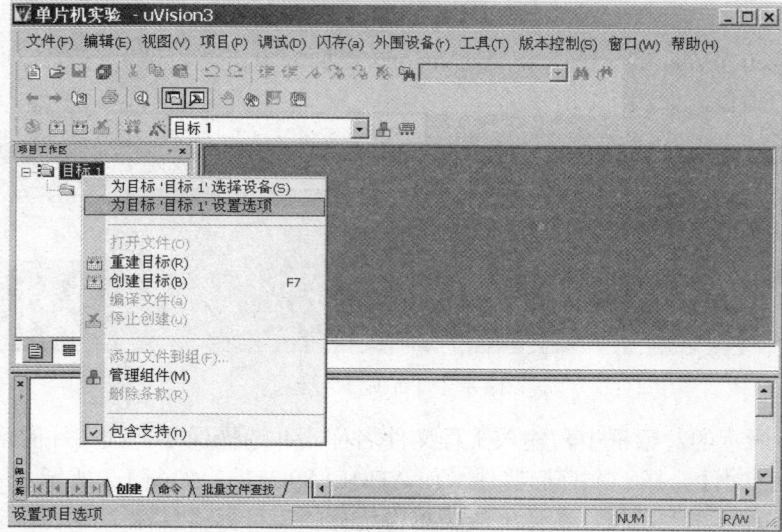

图 1.4 为目标设置选项

在"为目标'目标1'设置选项"对话框中,单击"调试"选项卡,在此选项卡中可选择是使用硬件仿真还是软件仿真。连接实验箱做实验时选择硬件仿真,单击硬件仿真选项后面的"设置"按钮,在弹出的对话框中选择串口和波特率的适当数值,串口根据所连电脑接口来决定,波特率为38400,如图1.5所示。

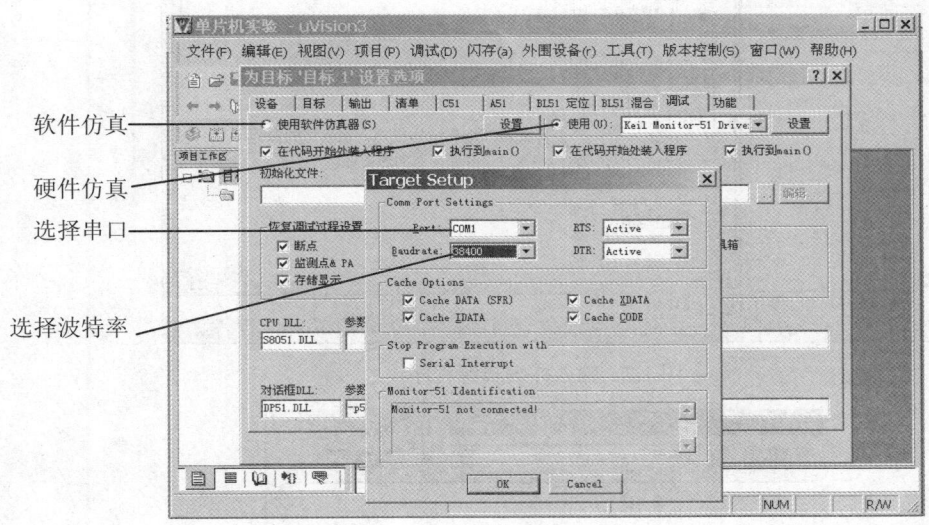

图1.5 设置串口和波特率

(3)单击"文件"→"新建"命令,创建源程序文件并输入程序代码,如图1.6所示。

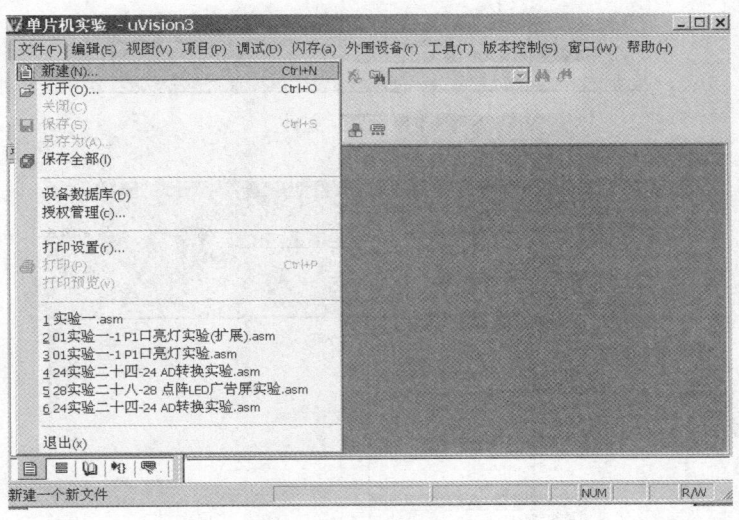

图1.6 新建源程序文件

在文本框中输入并编辑源程序,如图1.7所示。

单击"文件"→"保存"命令,对程序进行保存,如图1.8所示。

(4)把源文件添加到项目中。

右击项目工作区的源代码组1,在弹出的快捷菜单中选择"添加文件到组'源代码组1'"命令,如图1.9所示。

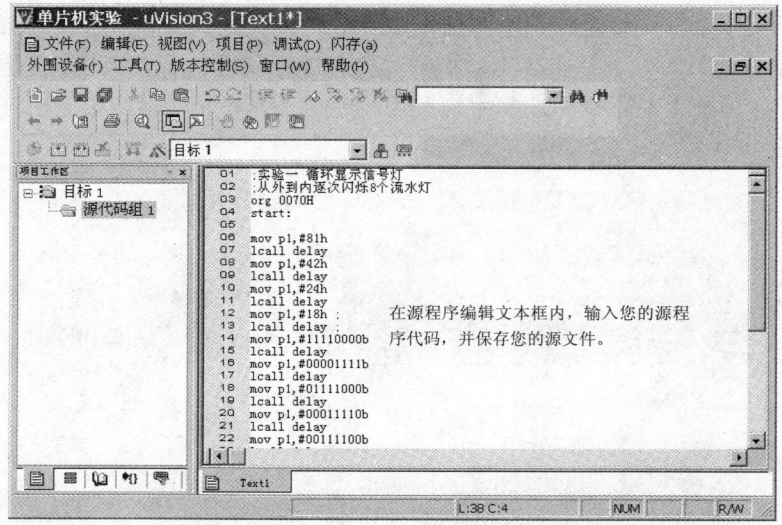

图 1.7　输入并编辑源程序

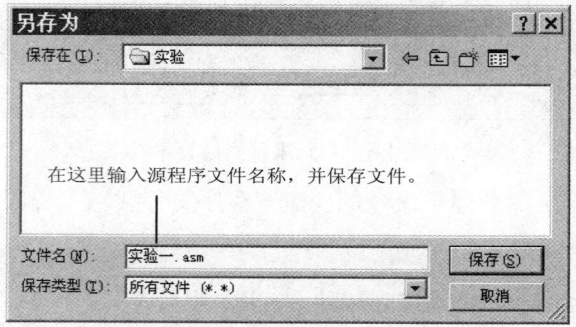

图 1.8　保存文件

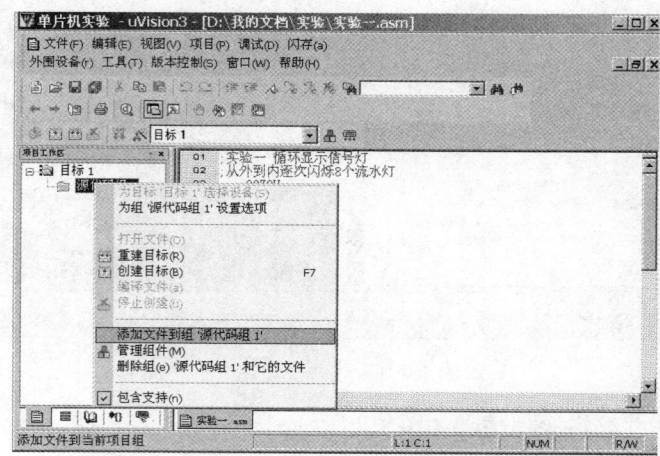

图 1.9　添加文件到组"源代码组 1"

在弹出的"添加文件到组'源代码组 1'"对话框中，选择需要添加到项目中的文件，如图 1.10 所示。

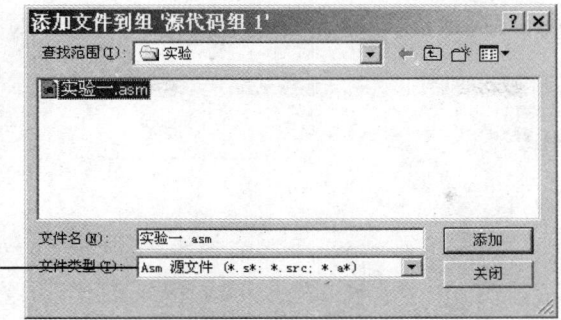

图 1.10 选择文件

文件添加进来后,单击编译及连接的图标,对项目文件进行编译连接,如图 1.11 所示。

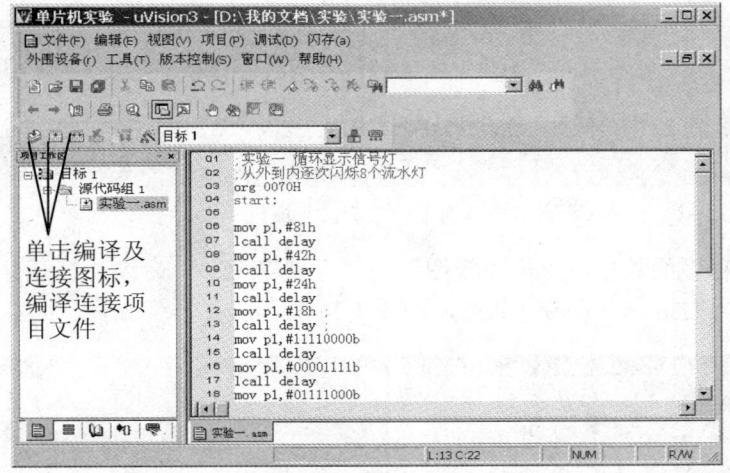

图 1.11 编译连接文件

(5)为工程项目设置软硬件调试环境。

单击"调试"→"启动/停止调试"命令,进入调试界面,如图 1.12 所示。

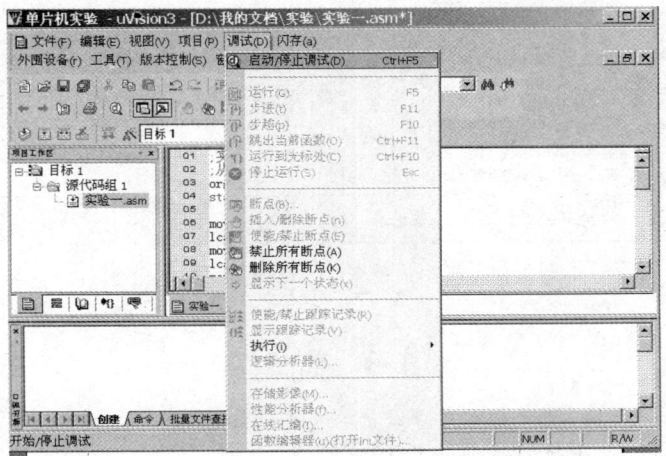

图 1.12 启动调试

在调试界面中可以对程序进行单步或者全速运行的调试，如图 1.13 所示。

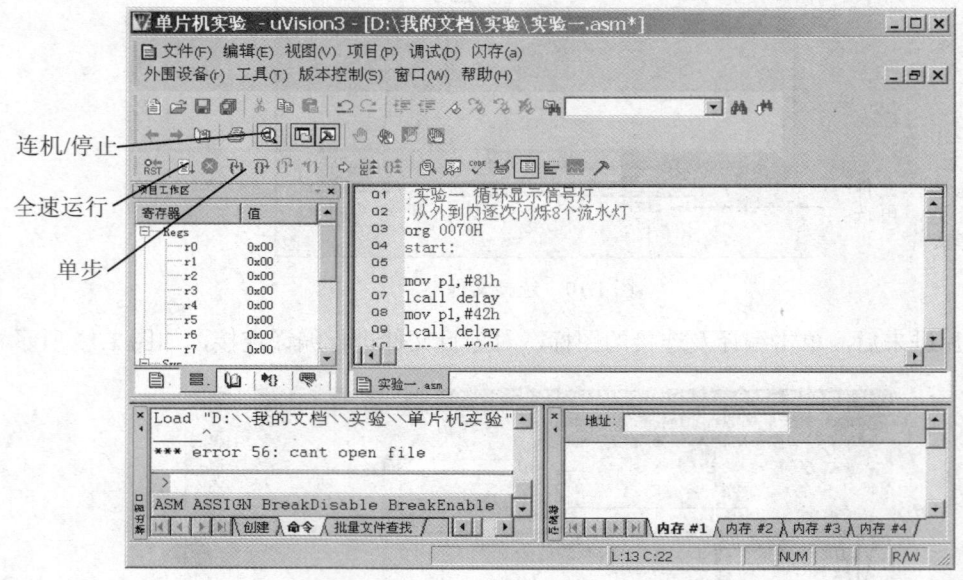

图 1.13　调试选项

若要查看内存中的数据，单击"视图"→"存储器窗口"命令，打开存储器窗口。在地址栏中，输入不同的指令查看内部数据，如图 1.14 所示。

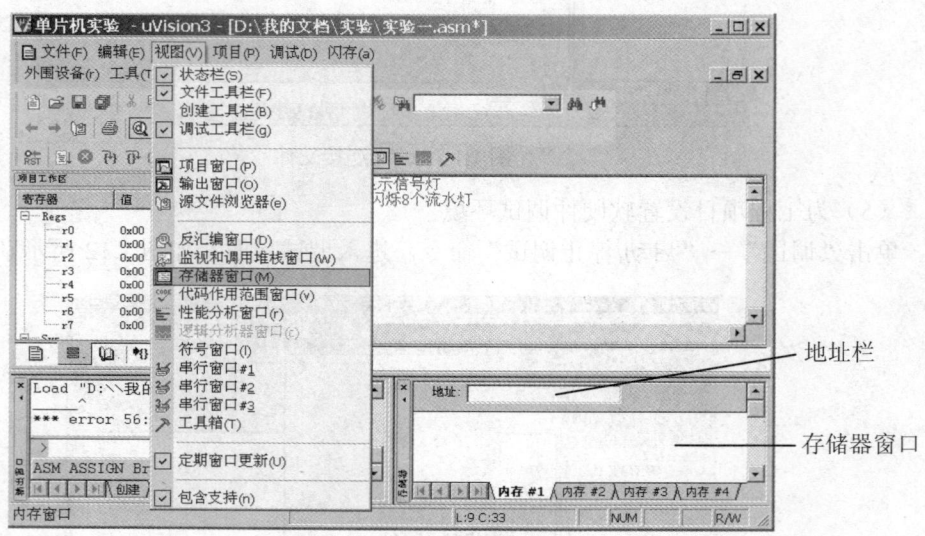

图 1.14　视图菜单下的"存储器窗口"命令

1.3　说明

查看内部数据时，在地址栏中输入的指令格式有：
c：0x 地址　　显示程序存储区中数据

x：0x 地址　显示外部数据存储区中数据

d：0x 地址　显示 CPU 内部数据存储区中数据

如图 1.15 所示，输入 d:0x80，回车后即可显示内部 RAM 从 80H 地址开始的值。

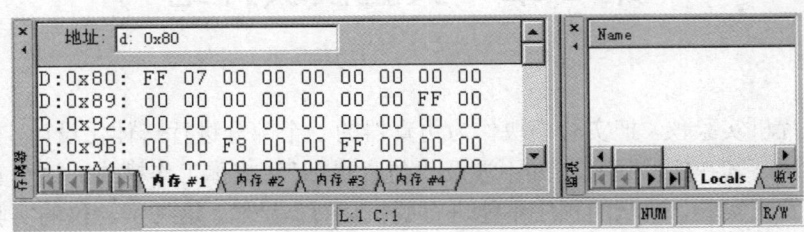

图 1.15　存储器窗口

1.4　注意

仿真器使用时应注意，Keil C 仿真器用户程序在全速运行时，如果需要暂停运行，可以按实验仪上的 RST 键，此时仿真器存储器数据清零。如果要再次运行所编写的程序，就必须重新装载该程序后再运行。

第 2 章 实验模块介绍

传统的单片机实验仪,把实验模块作为仿真器的一个部分进行一体化设计,即所谓的"单板式"设计方法。其在实验过程中并不涉及"仿真状态"(或称工作模式)这个重要的概念,亦不能进行开发式实验,调试的程序不能进行脱机运行。显然,这种实验仪的实验过程与实际的开发步骤存在较大的差距。另外,由于此类实验仪的仿真器大多为单 CPU 架构,其仿真 RAM 空间被实验模块占用,所以,其仿真性能也不适合作为仿真工具所用。

超想-3000TC 综合实验仪采用"仿真式"设计方法,仿真器与实验平台分离,采用"仿真"方式进行实验,同时,允许进行脱机运行工作,所以,实验过程与实际开发过程完全一致。Keil C 超级仿真器可满足学生进行毕业设计、参加电子竞赛,以及教师科研所需。

2.1 实验模块

超想-3000TC 综合实验仪有丰富的实验电路和灵活的电路组成方法。这些电路既可以和 51CPU 适配板(Keil C 超级仿真器)组合以完成 MCS51 系列实验,也可以和 8086CPU 适配板相连,以完成 8086 系列实验(此项为选配件)。为了描述清楚,在此作统一的介绍。

2.1.0 模拟信号发生器

电位器电路用于产生可变的模拟量。顺时针旋转,电压值加大;反之,则减小,如图 2.1 所示。

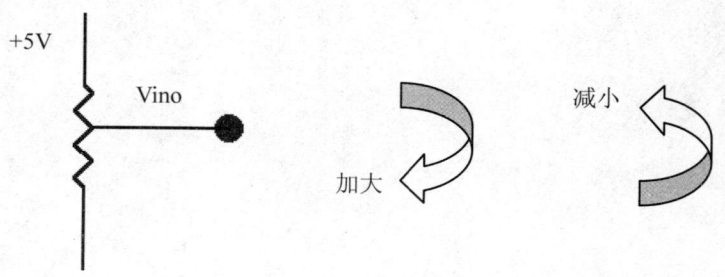

图 2.1 电位器电路及原理示意图

2.1.1 138 译码器

为了使 MCS51、8086 与实验兼容,ROM、RAM 同 64K 空间统一分配地址,程序空间占用前 32K(0000~7FFFH),数据空间占用后 32K(8000H~0FFFFH),使用两片 74LS138 译码器对后 32K 空间进行译码,译码器电路如图 2.2 所示。

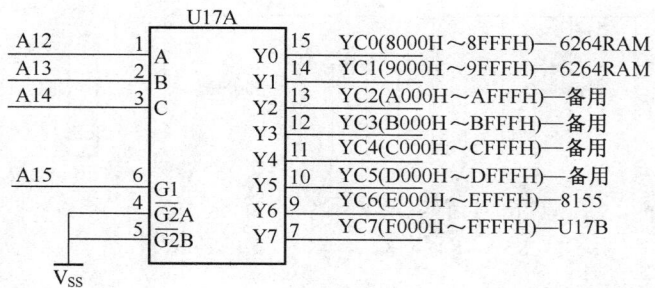

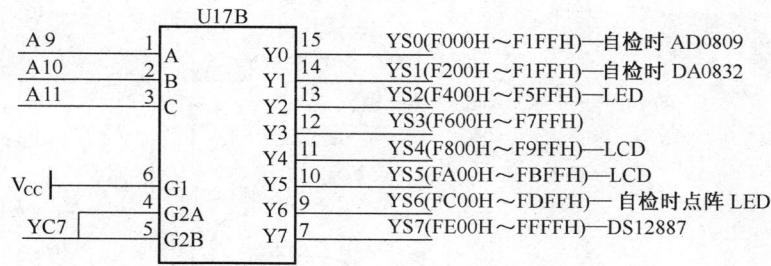

图 2.2 译码器电路

其中：
EPROM27C256：（0000H～7FFFH）
YC0、YC1（8000H～9FFFH）：6264RAM。
YC2（0A000H～0AFFFH）：备用。
YC3（0B000H～0BFFFH）：备用。
YC6（0E000H～0EFFFH）：8155。
YC7（0F000H～0FFFFH）：U17 号 74LS138 选通。
YS7（0FE00H～0FFFFH）：DALLAS12887。
YS6（0FC00H～0FDFFH）：自检时的点阵 LED。
YS5（0FA00H～0FBFFH）：LCD 液晶显示。
YS4（0F800H～0F9FFH）：LCD 液晶显示。
YS2（0F400H～0F5FFH）：LED 发光二极管。
YS1（0F200H～0F3FFH）：自检时的 DA0832。
YS0（0F000H～0F1FFH）：自检时的 AD0809。

2.1.2 开关量发生器

实验平台上有 8 只拨动开关 K0～K7 及相应的驱动电路，以产生"1"、"0"的逻辑电平。开关向上拨，相应插孔输出高电平"1"，反之输出低电平"0"，如图 2.3 所示。

2.1.3 信号发生器

由 U3 的 74LS04 和 U43 的 74LS00 芯片组成，每按一次带锁开关即产生一个单脉冲。电路图如图 2-4 所示。

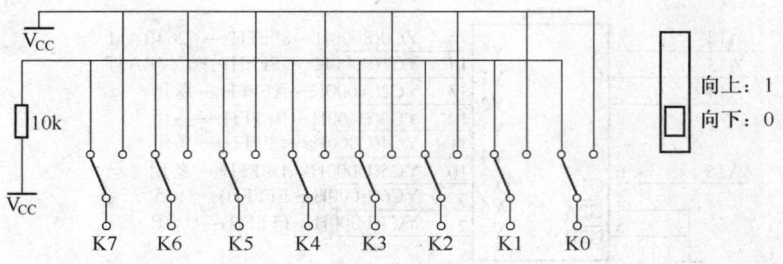

图 2.3 开关量发生器

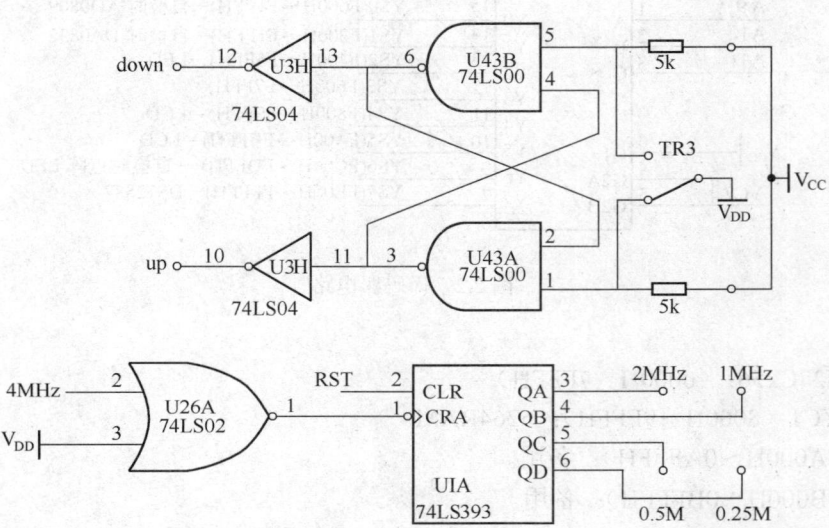

图 2.4 信号发生器电路

2.1.4 发光二极管组

实验平台上有 8 只发光二极管，由 U33 的 74HC245 芯片驱动，以显示电平状态。高电平"1"点亮发光二极管，如图 2.5 所示。

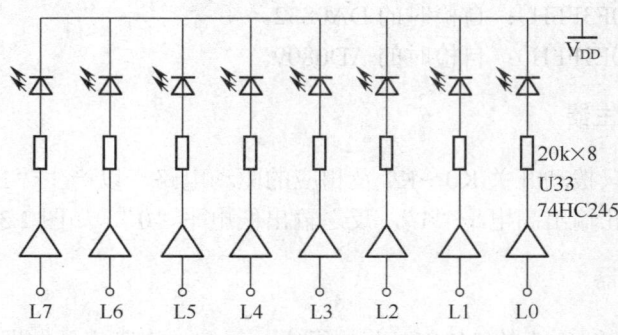

图 2.5 发光二极管电路

2.1.5 步进电机实验电路

超想-3000TC 综合实验仪选用四相步进电机，由 U25 的 74LS04 和 U21、U23 的 D875452 芯片驱动。步进电机电路如图 2.6 所示。

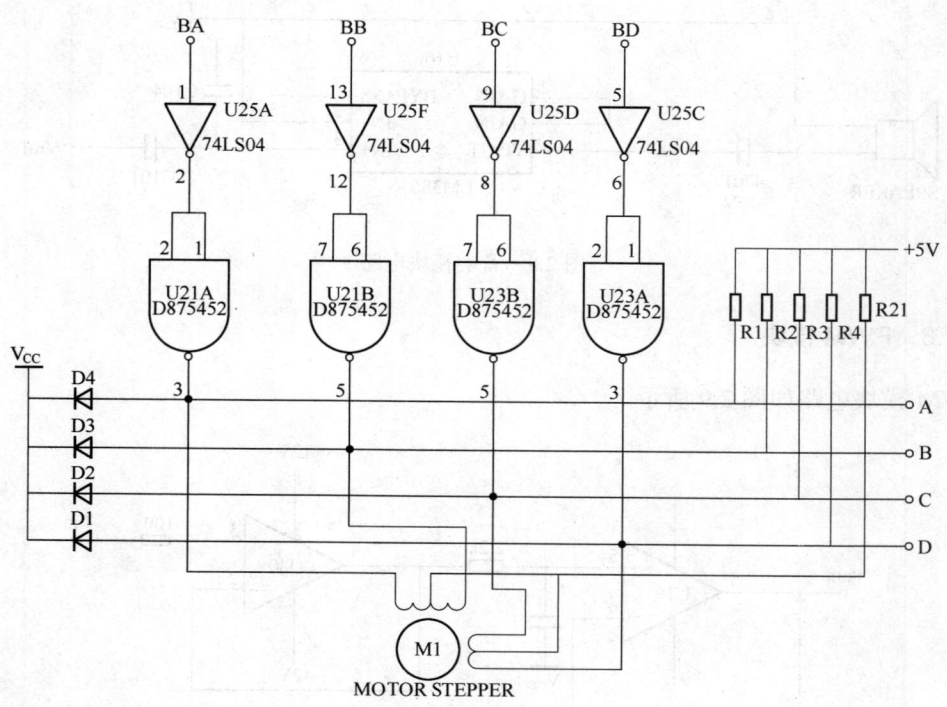

图 2.6 步进电机电路

2.1.6 D/A0832 模块

D/A0832 模块电路如图 2.7 所示。

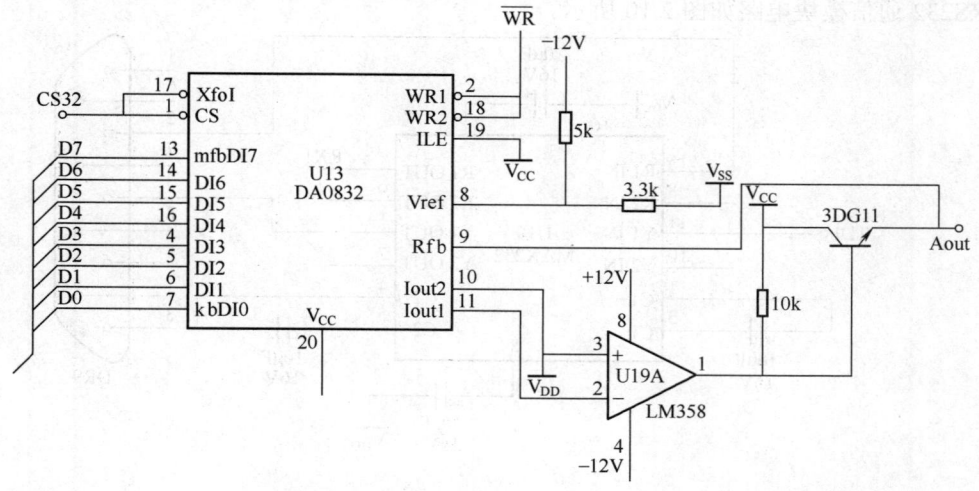

图 2.7 D/A0832 模块电路

2.1.7 音响实验

喇叭由 U16 的 LM386 驱动。音响模块电路如图 2.8 所示。

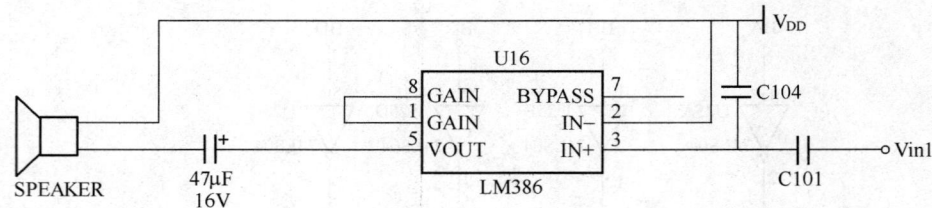

图 2.8　音响模块电路

2.1.8 PWM 模块

PWM 模块电路如图 2.9 所示。

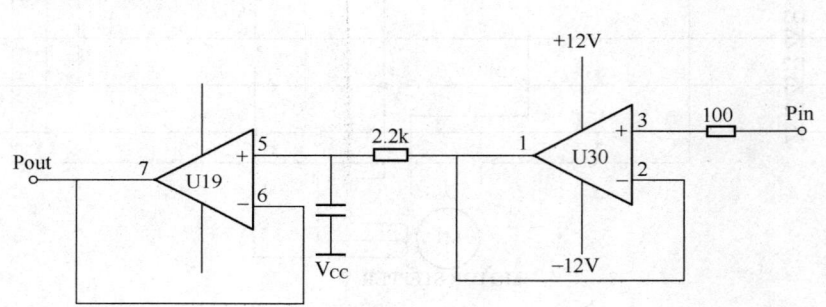

图 2.9　PWM 模块电路

2.1.9 RS232 通信模块

RS232 通信模块电路如图 2.10 所示。

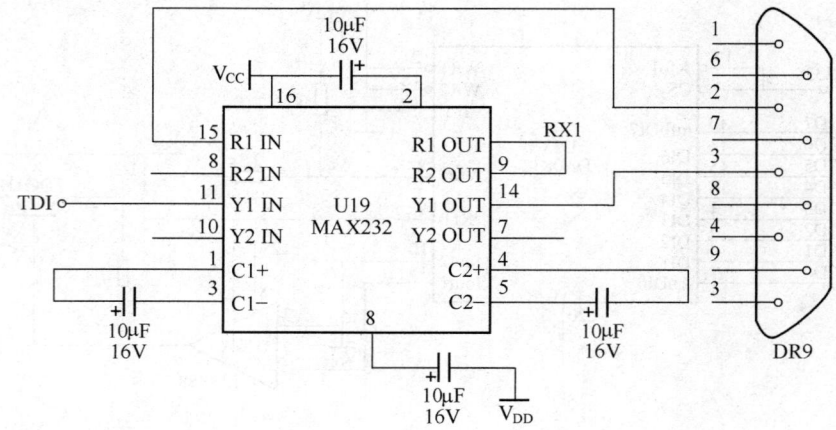

图 2.10　RS232 通信模块电路

2.1.10 ADC0809 模块

ADC0809 模块电路如图 2.11 所示。

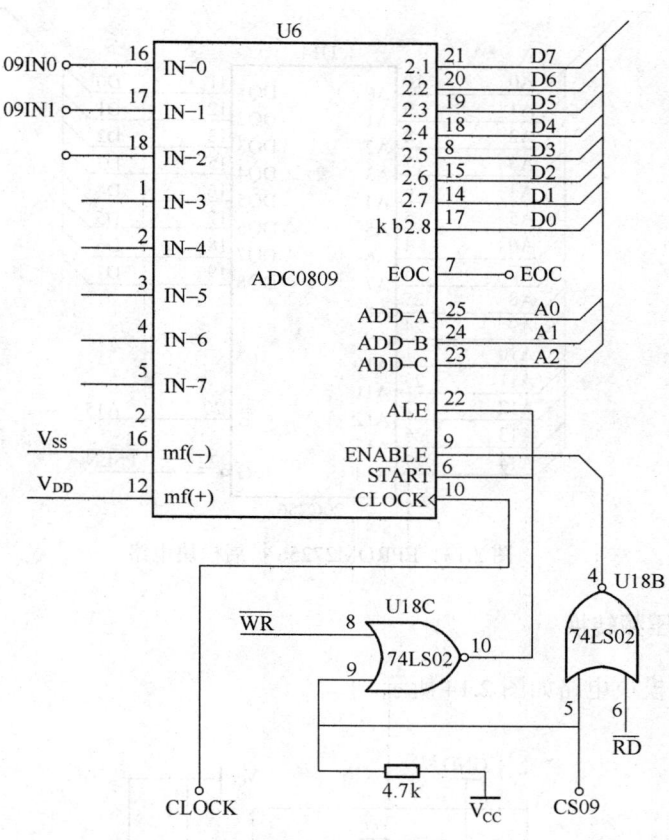

图 2.11 ADC0809 模块电路

2.1.11 分频器模块

二分频的分频器由 74LS393 的一组锁存器组成，另一组的引脚均以插孔方式引出。如把 2D 引脚与 2/Q 引脚相连还可产生另一个二分频的分频器。分频器模块电路如图 2.12 所示。

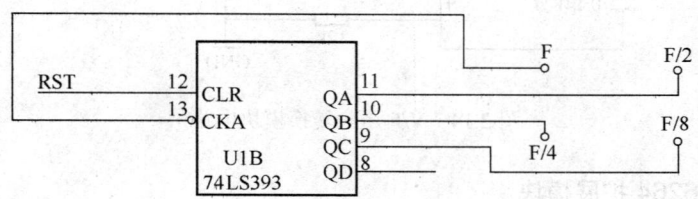

图 2.12 分频器模块电路

2.1.12 EPROM27256 扩展模块

EPROM27256 扩展模块电路如图 2.13 所示。

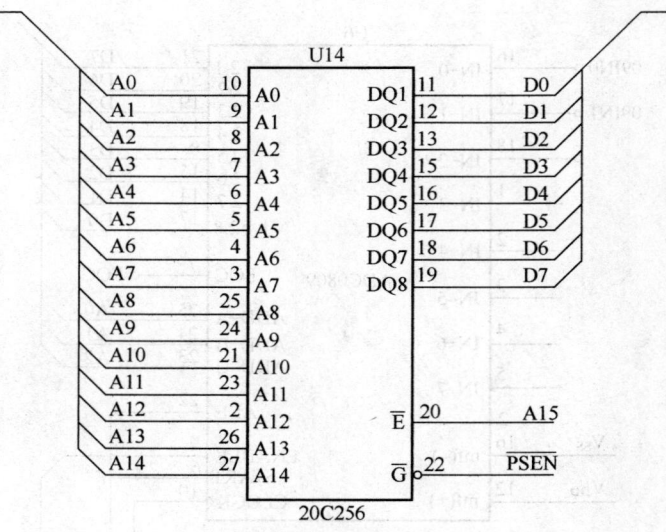

图 2.13 EPROM27256 扩展模块电路

2.1.13 V/F 压频转换

V/F 压频转换模块电路如图 2.14 所示。

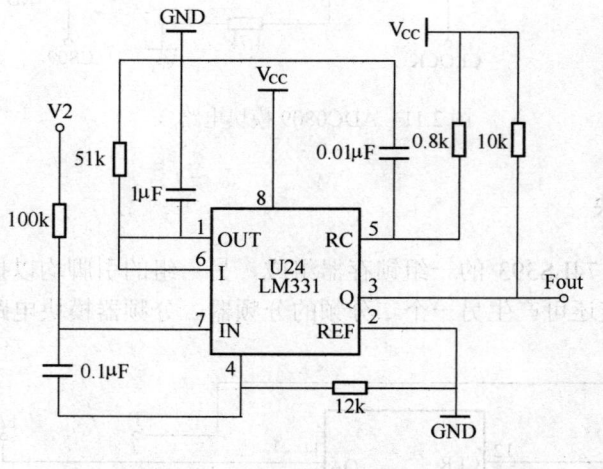

图 2.14 V/F 压频转换模块电路

2.1.14 RAM6264 扩展模块

RAM6264 扩展模块电路如图 2.15 所示。

第 2 章 实验模块介绍

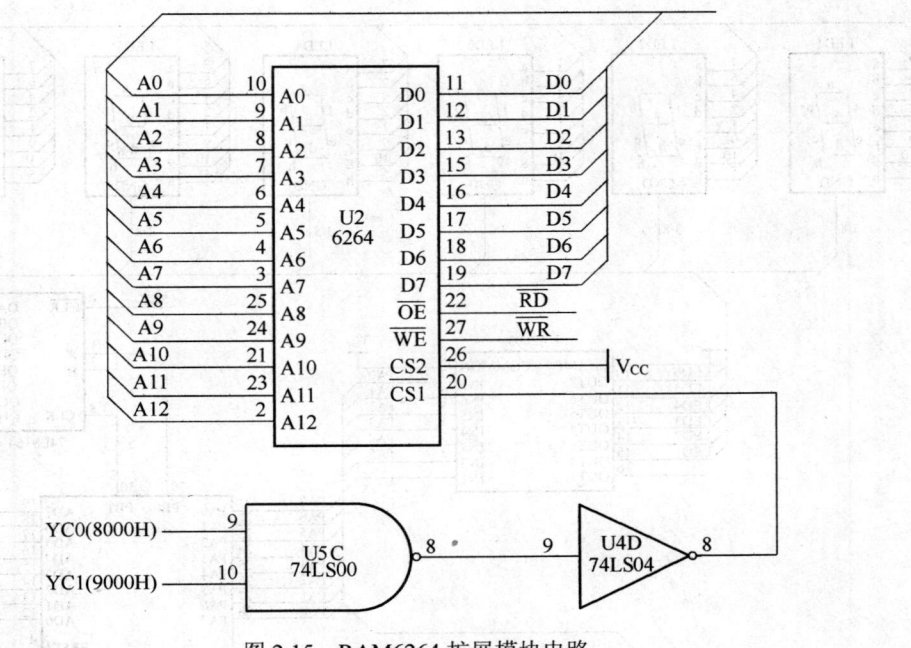

图 2.15　RAM6264 扩展模块电路

2.1.15　DALLAS12887 时钟模块

DALLAS12887 时钟模块如图 2.16 所示。

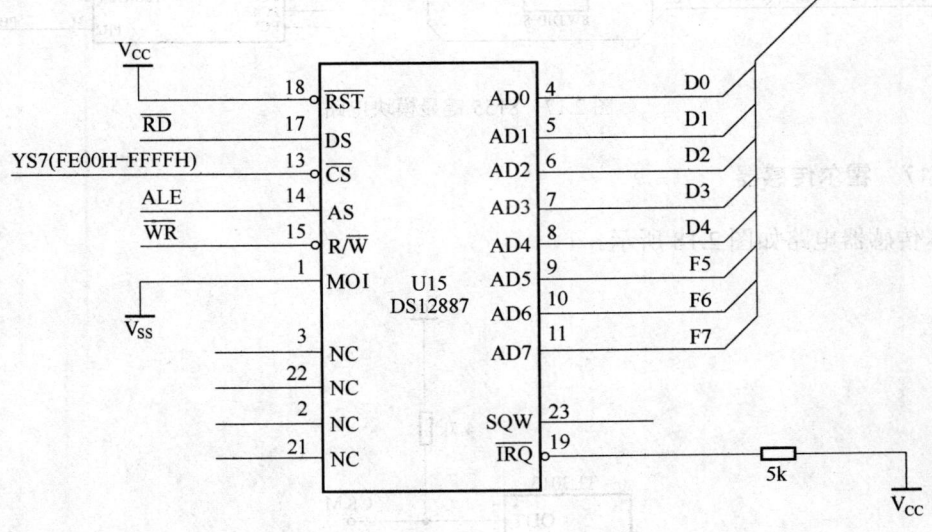

图 2.16　DALLAS12887 时钟模块电路

2.1.16　8155 键显模块

8155 键显模块电路如图 2.17 所示。

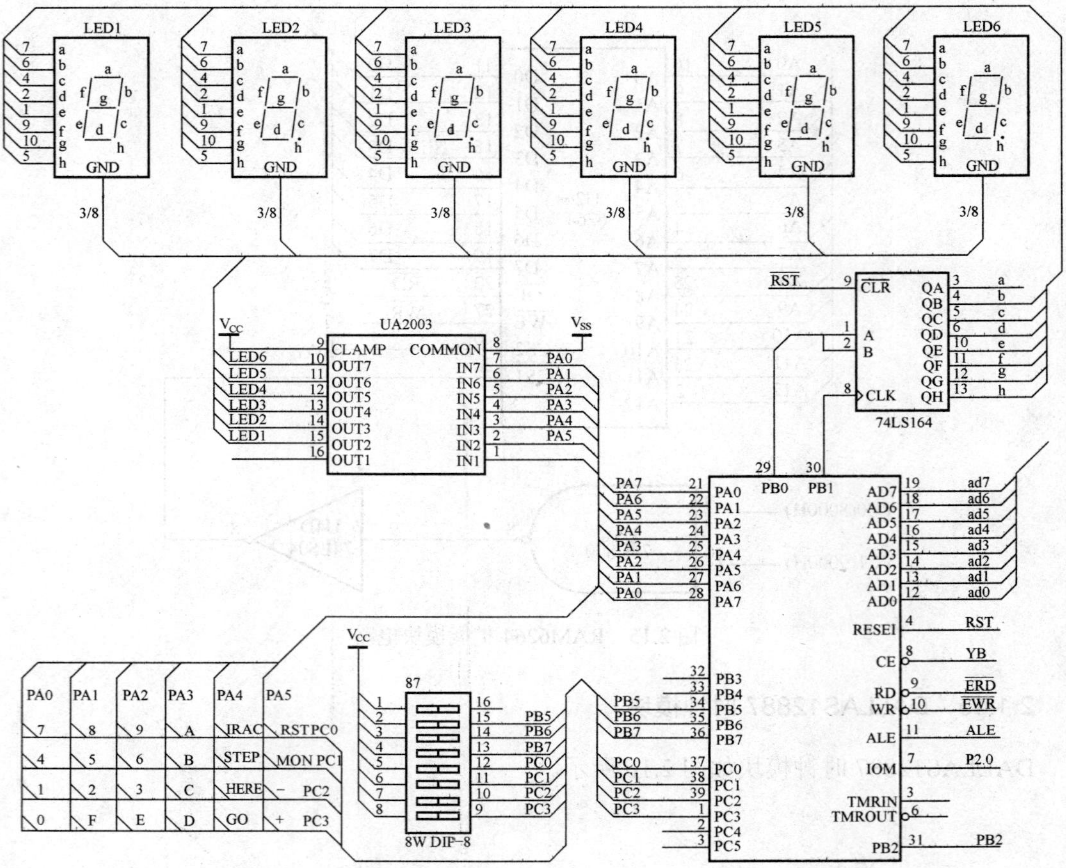

图 2.17　8155 键显模块电路

2.1.17　霍尔传感器

霍尔传感器电路如图 2.18 所示。

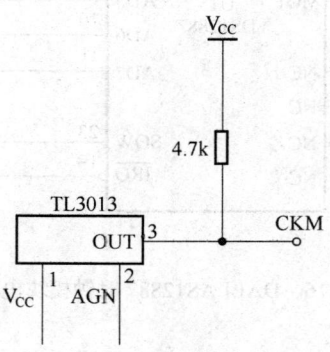

图 2.18　霍尔传感器电路

2.1.18 直流电机

直流电机电路如图 2.19 所示。

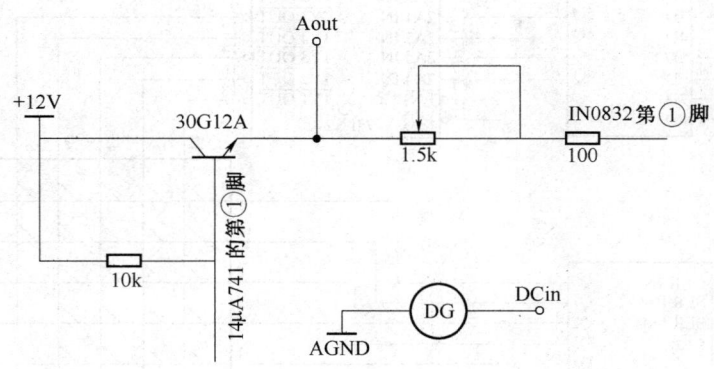

图 2.19　直流电机电路

2.1.19　122×32LCD 液晶显示模块

122×32LCD 液晶显示模块电路如图 2.20 所示。

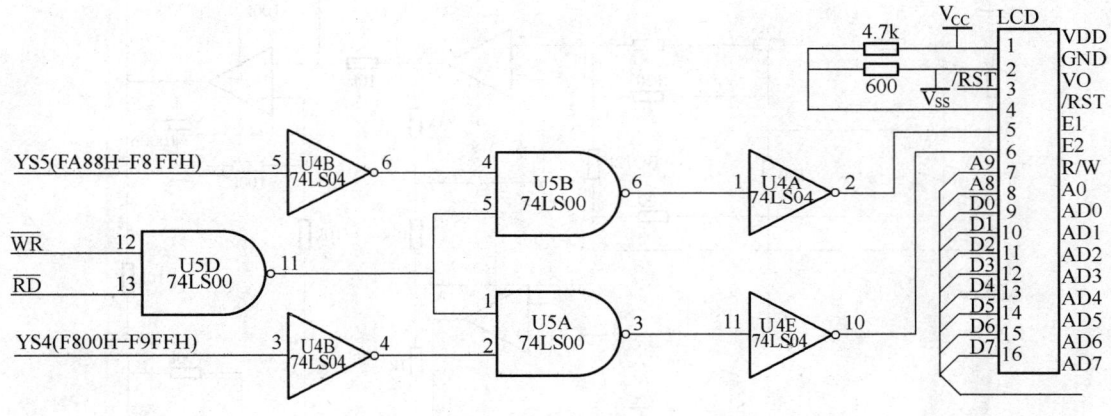

图 2.20　122×32LCD 液晶显示模块电路

2.1.20　点阵 LED 模块

点阵 LED 模块电路如图 2.21 所示。

2.1.21　压力传感器

压力传感器模块电路如图 2.22 所示。

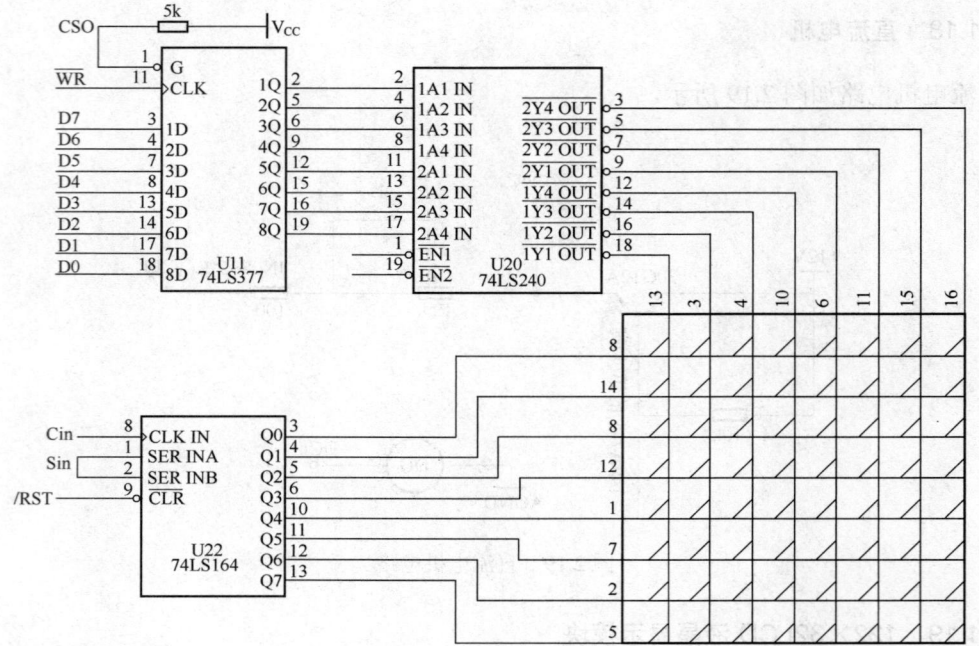

图 2.21　点阵 LED 模块电路

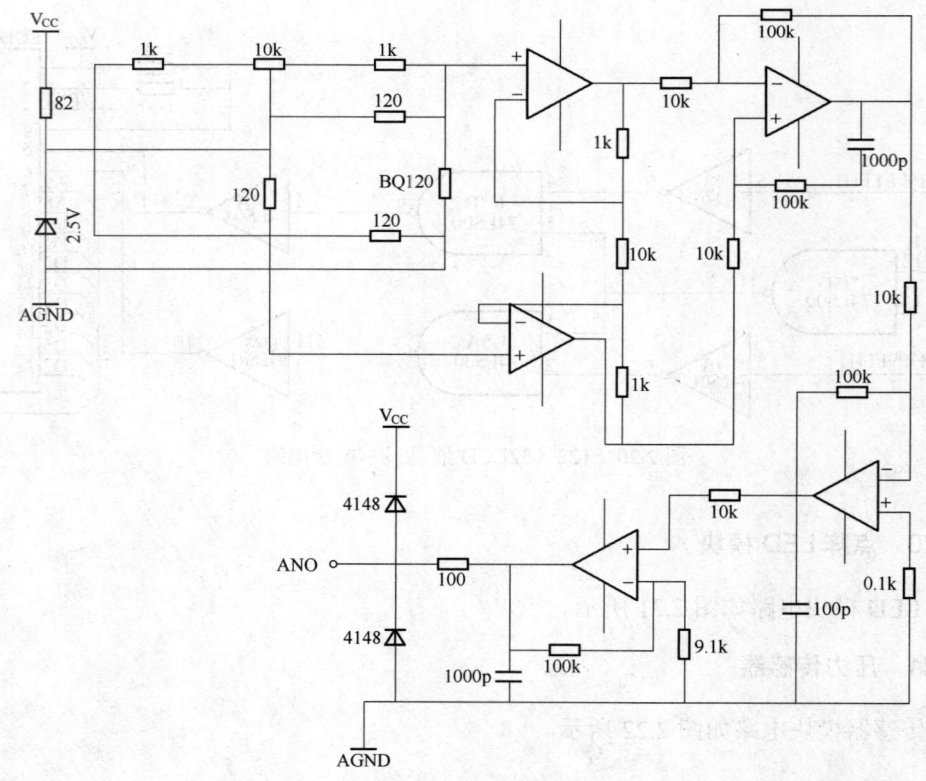

图 2.22　压力传感器模块电路

2.1.22 微型打印机接口

微型打印机接口模块电路如图 2.23 所示。

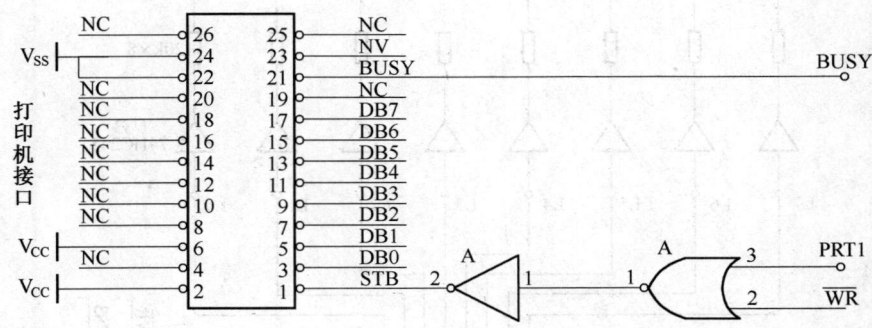

图 2.23 微型打印机接口模块电路

2.1.23 温度传感器

温度传感器模块电路如图 2.24 所示。

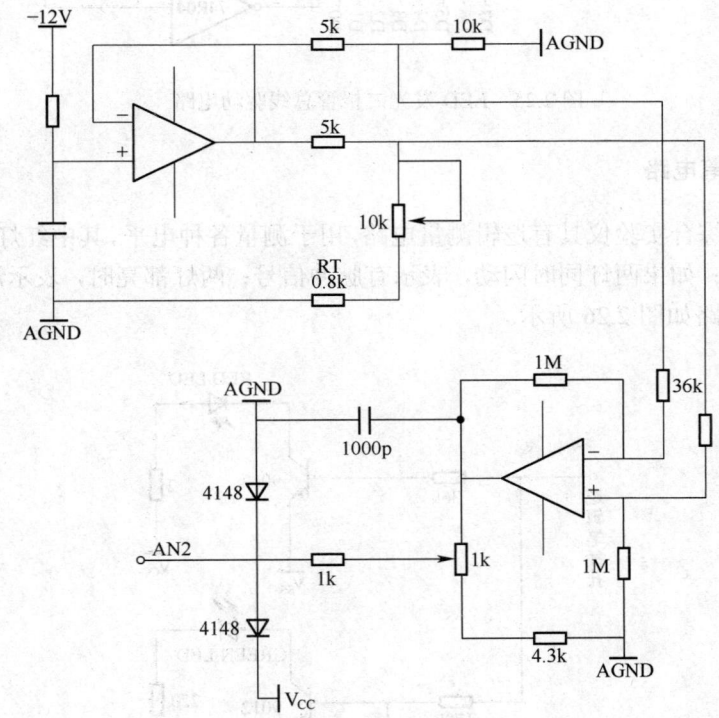

图 2.24 温度传感器模块电路

2.1.24 LED 发光二极管总线驱动

LED 发光二极管总线驱动电路如图 2.25 所示。

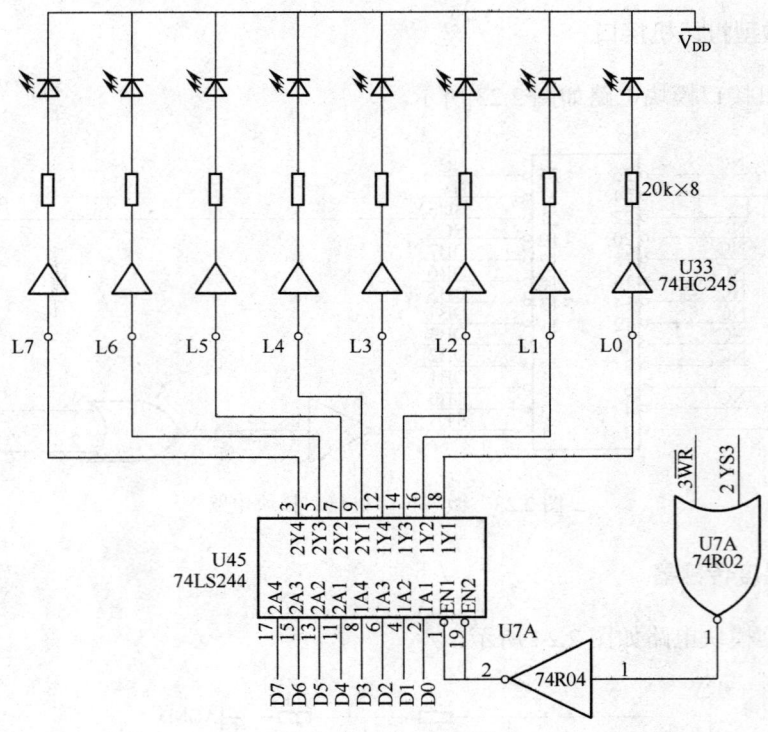

图 2.25　LED 发光二极管总线驱动电路

2.1.25　逻辑笔电路

超想-3000TC 综合实验仪具有逻辑测量电路，用于测量各种电平。其中红灯亮表示高电平，绿灯亮表示低电平；如果两灯同时闪动，表示有脉冲信号；两灯都亮时，表示浮空（高阻态）。

逻辑笔模块电路如图 2.26 所示。

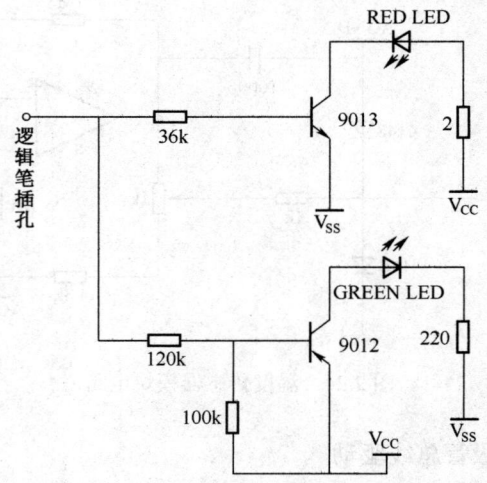

图 2.26　逻辑笔模块电路

2.1.26 复位电路

复位电路如图 2.27 所示。

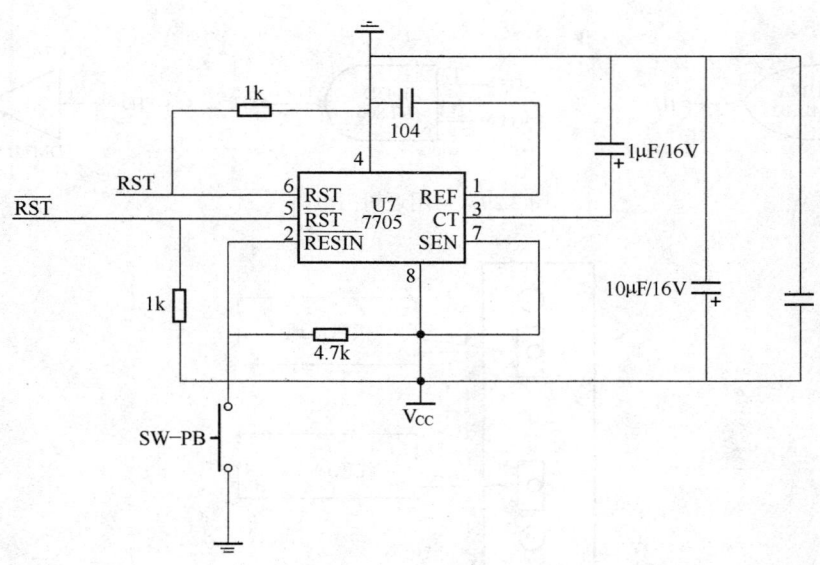

图 2.27 复位电路

2.1.27 红外线发送/接收电路

红外线发送/接收电路如图 2.28 所示。

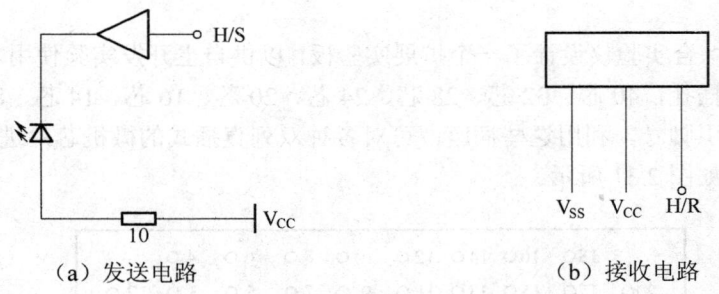

（a）发送电路　　　　　　　　　　（b）接收电路

图 2.28 红外线发送/接收电路

2.2 常用逻辑门电路

常用逻辑门电路如图 2.29 所示。

2.3 直流电源外引插座

直流电源外引插座如图 2.30 所示。

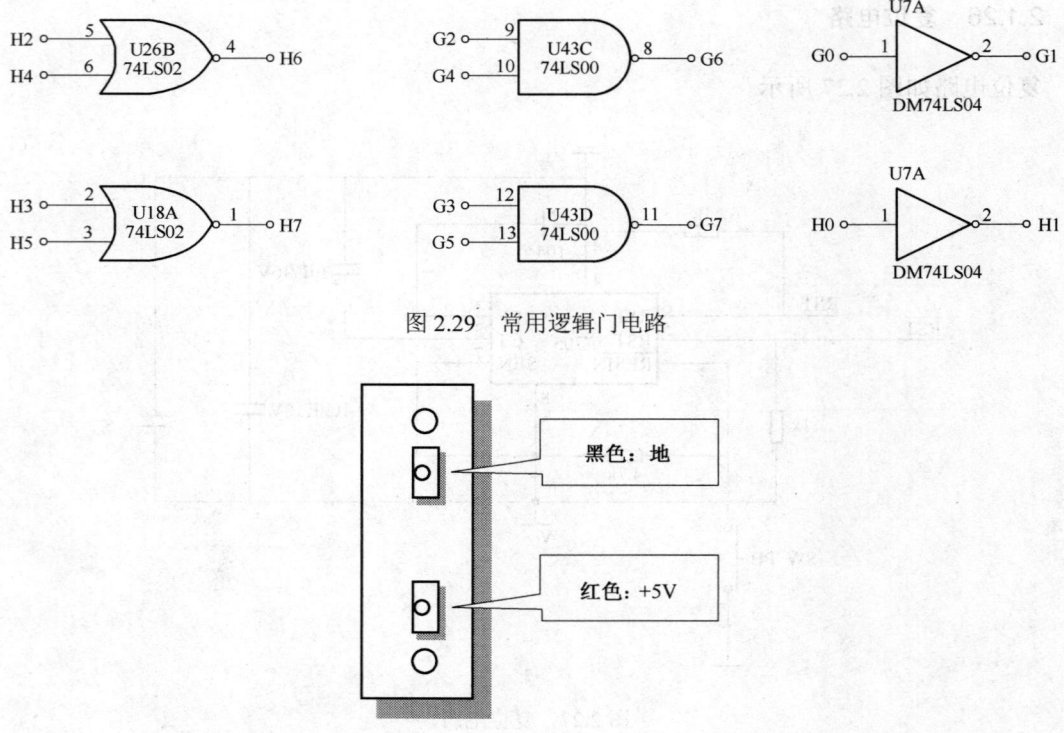

图 2.29 常用逻辑门电路

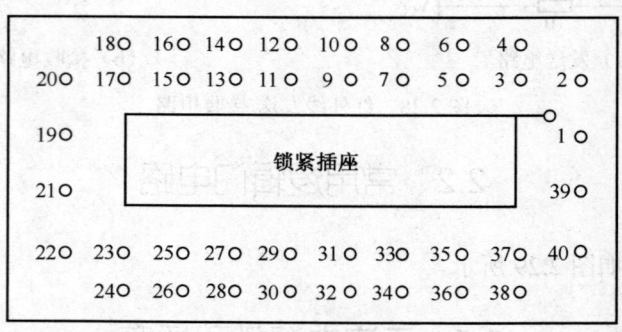

图 2.30 直流电源外引插座

2.4 自由实验插座

超想-3000TC 综合实验仪设计了一个扩展实验板，以供自主开发实验使用。插座全部引脚都被引出到相应的插孔，40 芯、32 芯、28 芯、24 芯、20 芯、16 芯、14 芯、8 芯通用，并按照各自的封装标明引脚号。利用这些插座，可对各种双列直插式的微机芯片进行实验。

自由实验插座如图 2.31 所示。

图 2.31 自由实验插座

2.5 总线插孔

超想-3000TC 综合实验仪的所有总线及控制信号均以插孔方式引出，以便进行开放式实验。

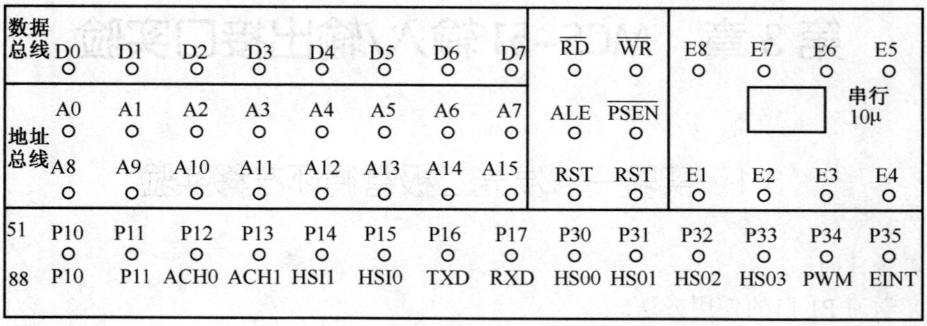

```
数据总线 D0  D1  D2  D3  D4  D5  D6  D7    RD   WR    E8  E7  E6  E5
                                                              串行
         A0  A1  A2  A3  A4  A5  A6  A7    ALE  PSEN           10μ
地址总线
         A8  A9  A10 A11 A12 A13 A14 A15   RST  RST   E1  E2  E3  E4

  51     P10 P11 P12 P13 P14 P15 P16 P17   P30  P31   P32 P33 P34 P35
  88     P10 P11 ACH0 ACH1 HSI1 HSI0 TXD RXD HS00 HS01 HS02 HS03 PWM EINT
```

图 2.32 总线插孔

2.6 空间分配

各模块地址空间分配情况如表 2.1 所示。

表 2.1 各模块地址空间分配表

扩展模块	资源分配（138 译码）
27C256	0000H～7FFFH
6264	（YC0,YC1）8000H～9FFFH
8155	（YC6）0E000H～0EFFFH
LCD 液晶显示	（YS4～YS5）0F800H～0FBFFH
DS12887	（YS7）0FE00H～0FFFFH
LED 二极管总线驱动	（YS2）0F400H～0F5FFH
自检时 AD0809	（YS0）0F000H～0F1FFH
自检时 DA0832	（YS1）0F200H～0F3FFH
自检时点阵 LED	（YS6）0FC00H～0FDFFH
自检时微型打印机	（YC2）0A000H～0AFFFH
备用	（YC2）0A000H～0AFFFH
备用	（YC3）0B000H～0BFFFH

第二部分 基础实验

第3章 MCS-51 输入/输出接口实验

3.1 实验一 发光二极管循环左移实验

1. 实验目的
 (1) 学习 P1 口的使用方法。
 (2) 学习延时子程序的编写和使用。

2. 实验预备知识
 (1) P1 口为准双向口,每一位都可独立地定义为输出线或输入线。
 (2) 本实验中延时子程序采用指令循环来实现,循环时间=机器周期(晶振频率为 12MHz 时为 1μs,晶振频率为 6MHz 时为 2μs)×指令所需机器周期数×循环次数,在系统时间允许的情况下可以采用此方法。

3. 实验内容
P1 口作为输出,接 8 只发光二极管,编写程序使发光二极管循环点亮。

4. 程序框图

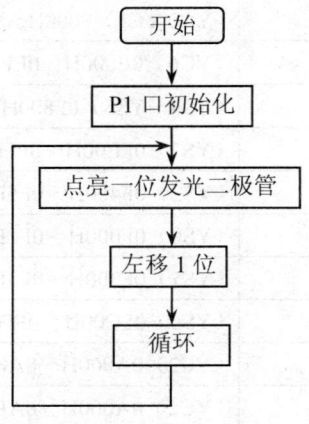

图 3.1 P1 口亮灯程序框图

5. 实验电路
P1 口亮灯实验电路如图 3.2 所示。

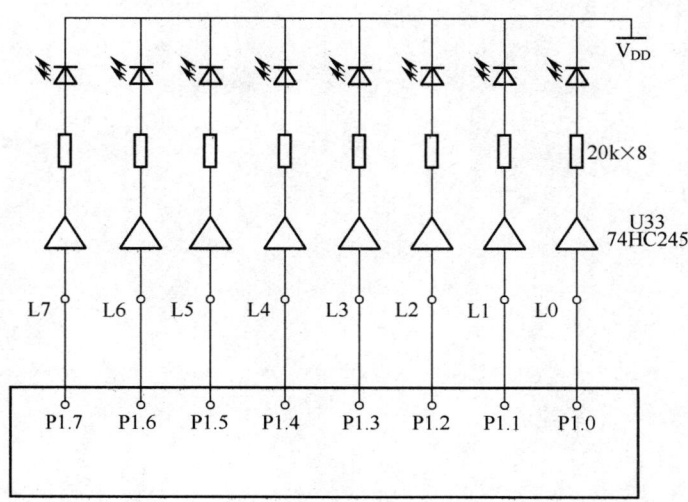

图 3.2 P1 口亮灯实验电路

6. 实验步骤

将 P1.0～P1.7 口连至 L0～L7 插孔上，运行程序后，观察发光二极管闪亮移位情况。

7. 汇编语言实验程序

```
        ORG    0000H
START:  MOV    A, #01H
LP:     MOV    P1, A
        MOV    R1, #10
DEL1:   MOV    R2, #200
DEL2:   MOV    R3, #126
DEL3:   DJNZ   R3, DEL3
        DJNZ   R2, DEL2
        DJNZ   R1, DEL1
        RL     A
        LJMP   LP
        END
```

8. C 语言实验程序

```c
#include<reg51.h>
#include<INTRINS.H>
void delay(unsigned char dly)
{
 unsigned char i,j;
 for(i=255;i>0;i--)
   for(j=dly;j>0;j--);
}
void main()
{
```

```
  int a;
  int i;
  while(1)
  {
    a=0x01;
    for(i=0;i<8;i++)
    {
    _nop_();
    P1=a<<i;
    _nop_();
    delay(255);
    }
  }
}
```

9. 思考问题

(1) 改变延时常数，使发光二极管闪亮时间改变。

(2) 修改程序，使发光二极管闪亮移位方向改变。

3.2　实验二　8路指示灯读出8路拨动开关的状态

1. 实验目的

通过设置8路拨动开关的不同状态，使对应的8路指示灯亮或灭，从而理解单片机中数、位以及数据传递的概念。

2. 实验预备知识

P2口用于输入时，要先将口内锁存器置1。

3. 实验内容

P2口作为输入口，接8只开关；P1口作为输出口，接8只发光二极管。设置8路拨动开关的不同状态，使对应的8路指示灯亮或灭。

4. 程序框图

8路指示灯读出8路拨动开关的状态程序框图如图3.3所示。

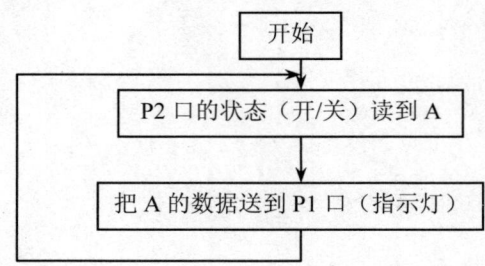

图3.3　8路指示灯读出8路拨动开关的状态程序框图

5. 实验电路

8路指示灯读出8路拨动开关的状态实验电路如图3.4所示。

第 3 章 MCS-51 输入/输出接口实验

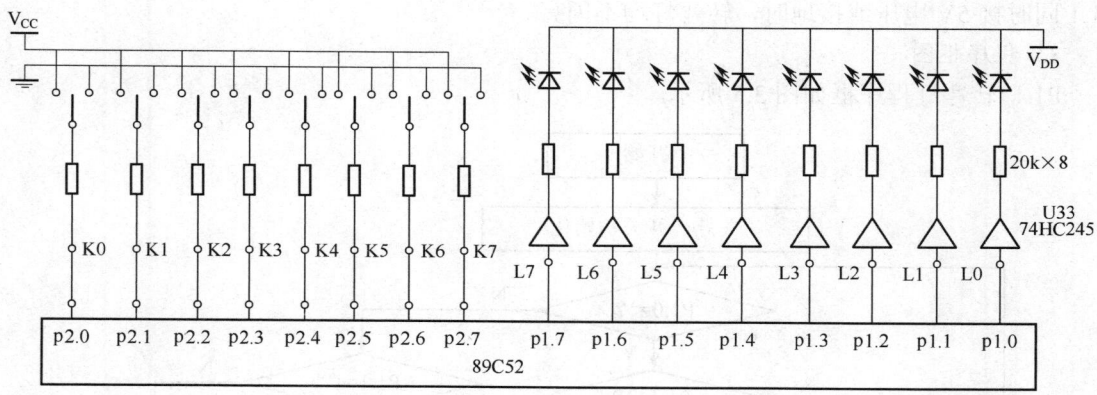

图 3.4 8 路指示灯读出 8 路拨动开关的状态实验电路

6. 实验步骤

将 P2.7～P2.0（A15～A8）口连至开关 K7～K0 的插孔上，将 P1.0～P1.7 口连至 L0～L7 的插孔上。运行程序后，观察发光二极管闪亮情况。

7. 汇编语言实验程序

```
        ORG     0000H           ;开始
LOOP:   MOV     P2, #0FFH
        MOV     A, P2           ;将 P2 口的状态（开/关）读到 A
        MOV     P1, A           ;将 A 的数据送到 P1 口（指示灯）
        SJMP    LOOP            ;重新开始
        END
```

8. C 语言实验程序

```
#include<reg51.h>
void main()
{
 P2=0xFF;            ; P2 为输入口
   while(1)
   {
    P1=P2;
   }
}
```

3.3 实验三 P1 口转弯灯实验

1. 实验目的

（1）进一步了解 P1 口的使用，学习汇编语言编程方法与调试技巧。

（2）学习数据输入、输出程序的设计方法。

2. 实验内容

K0 作为左转弯开关，K1 作为右转弯开关。L1、L3 作为左转弯灯，L5、L7 作为右转弯灯。要求开关 P1.0 接 5V 电压时，左转弯灯闪亮，开关 P1.1 接 5V 电压时，右转弯灯闪亮，P1.0、

P1.1 同时接 5V 电压或接地时，转弯灯均不闪亮。

3. 程序框图

P1 口转弯灯程序框如图 3.5 所示。

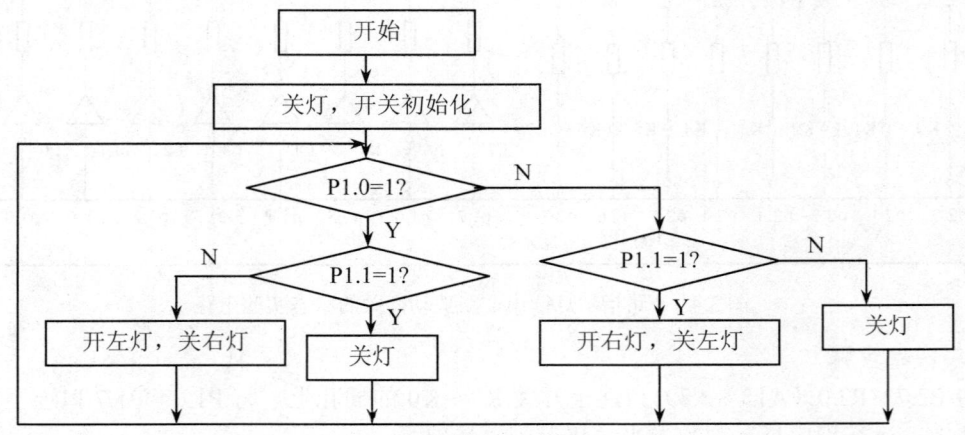

图 3.5　P1 口转弯灯程序框图

4. 实验电路

P1 口转弯灯实验电路如图 3.6 所示。

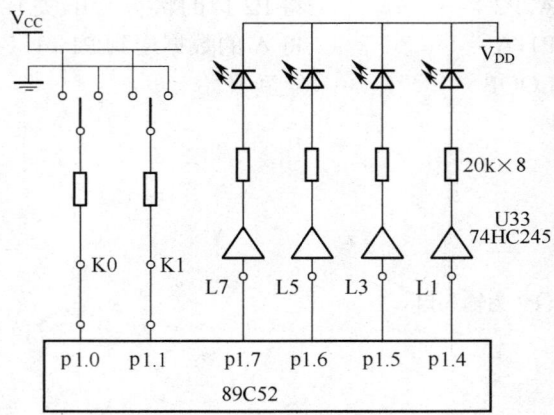

图 3.6　P1 口转弯灯实验电路

5. 实验步骤

P1.0 接开关 K0，P1.1 接开关 K1，P1.4～P1.7 接发光二极管 L1、L3、L5、L7。连续运行本程序，应看到转弯灯正确闪亮。

6. 汇编语言实验程序

```
        ORG     0000H
START:  MOV     P1, #0FH
LOOP:   JNB     P1.0, AA
        JB      P1.1, BB
        MOV     P1, #3FH        ;开左灯，关右灯
```

```
              LCALL  DELAY
              LJMP   LOOP
    BB:       MOV    P1, #0FH
              LCALL  DELAY
              SJMP   LOOP
    AA:       JB     P1.1, CC
              MOV    P1, #0FH
              LCALL  DELAY
              LJMP   LOOP
    CC:       MOV    P1, #0CFH    ;开右灯，关左灯
              LCALL  DELAY
              LJMP   LOOP
    DELAY:    MOV    R5, #0FFH
    LP:       MOV    R6, #0FFH
    D0:       DJNZ   R6, D0
              DJNZ   R5, LP
              RET
              END
```

7. C 语言实验程序

```c
#include "at89x52.h"
sbit s1=P1^0;
sbit s2=P1^1;
void delay(unsigned char dly)
{
   unsigned char i,j;
   for(i=255;i>0;i--)
      for(j=dly;j>0;j--);
}
void main()
{
   P1=0xff;
   while(1)
   {
      if((s1 == 1) && (s2== 0))
      {
         P1_5=~P1_5;
         P1_4=~P1_4;
         delay(200);
      }
      if((s1 == 0) && (s2== 1))
      {
         P1_6=~P1_6;
         P1_7=~P1_7;
         delay(200);
      }
```

```
    if((s1 == 0) && (s2== 0))
    P1=0X03;
    if((s1 == 1) && (s2== 1))
    P1=0X03;
  }
}
```

3.4　实验四　广告灯设计（利用取表方式）

1. 实验目的
（1）学习 P1 口的使用方法。
（2）学习使用表格进行程序设计的方法。
2. 实验预备知识
在使用表格进行程序设计的时候，需要用以下的指令来完成设计：
（1）利用指令 MOV DPTR，#DATA16 使数据指针寄存器指到表的开头设计。
（2）利用指令 MOVC A，@A+DPTR 根据累加器的值与 DPTR 的值之和，就可以使程序计数器 PC 指向表格内所要取出的数据。
因此，只要把控制码建成一个表，而利用指令 MOVC A，@A+DPTR 进行取码的操作，就可方便地处理一些复杂的控制动作。
3. 实验内容
利用取表的方法，使端口 P1 做单一灯的变化：左移 2 次，右移 2 次，闪烁 4 次（延时 0.2 秒）。
4. 程序框图
广告灯设计程序框图如图 3.7 所示。

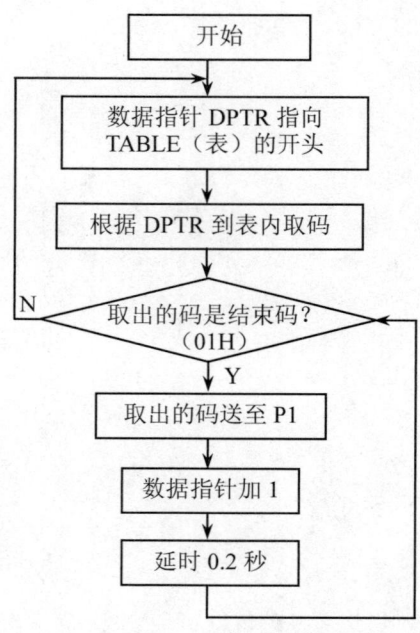

图 3.7　广告灯设计程序框图

5. 实验电路

广告灯设计实验电路如图 3.8 所示。

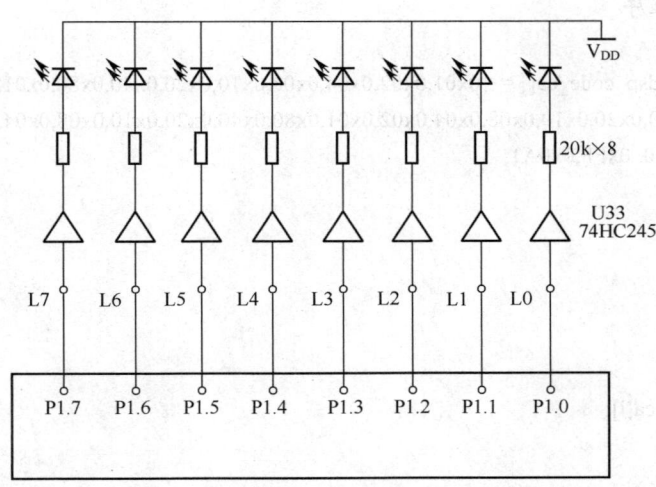

图 3.8　广告灯设计实验电路

6. 实验步骤

将 P1.0～P1.7 口连至 L0～L7 插孔上，运行程序后，观察发光二极管闪亮移位情况。

7. 汇编语言实验程序

```
        ORG     0000H
START:  MOV     DPTR, #TABLE
LOOP:   CLR     A
        MOVC    A, @A+DPTR
        CJNE    A, #0AH, LOOP1
        SJMP    START
LOOP1:  MOV     P1, A
        MOV     R3, #20
        LCALL   DELAY
        INC     DPTR
        SJMP    LOOP
DELAY:  MOV     R4, #20
D1:     MOV     R5, #248
        DJNZ    R5, $
        DJNZ    R4, D1
        DJNZ    R3, DELAY
        RET
TABLE:  DB 01H,02H,04H,08H,10H,20H,40H,80H,01H,02H,04H,08H,10H,20H,40H,80H
        DB 80H,40H,20H,10H,08H,04H,02H,01H,80H,40H,20H,10H,08H,04H,02H,01H
```

```
            DB 00H, 0FFH,00H, 0FFH, 00H, 0FFH,00H, 0FFH, 0AH
            END
```

8. C语言实验程序

```c
#include "reg52.h"
unsigned char code dsp_code_ca[] = {0x01,0x02,0x04,0x08,0x10,0x20,0x40,0x80,0x01,0x02,0x04,0x08,0x10,
0x20,0x40,0x80,0x80,0x40,0x20,0x10,0x08,0x04,0x02,0x01,0x80,0x40,0x20,0x10,0x08,0x04,0x02,0x01,0x00,0xFF,
0x00,0xFF,0x00,0xFF,0x00, 0xFF,0x0A};
void delay(void);
void main()
{
  unsigned char i;
  for(i=0;i<41;i++)
  {
    P1 = dsp_code_ca[i];
    delay();
  }
}
void delay(void)
{
  unsigned char i,j,k;
  for(i=100;i>0;i--)
  for(j=100;j>0;j--)
  for(k=20;k>0;k--);
}
```

3.5 实验五 一键多功能按键识别实验

1. 实验目的

（1）进一步了解P1口的使用，学习汇编语言编程方法与调试技巧。
（2）学习输入数据、输出程序的设计方法。
（3）学习散转移指令的用法和switch()语句。

2. 实验内容

每按下一次脉冲源，8只发光二极管其中一只将被点亮。

3. 实验电路

一键多功能按键识别电路如图3.9所示。

4. 实验步骤

把P1.0~P1.7口连至L0~L7插孔上，P3.5口接脉冲源DOWN。运行程序后，多次按下脉冲源按钮，观察发光二极管点亮移位情况。

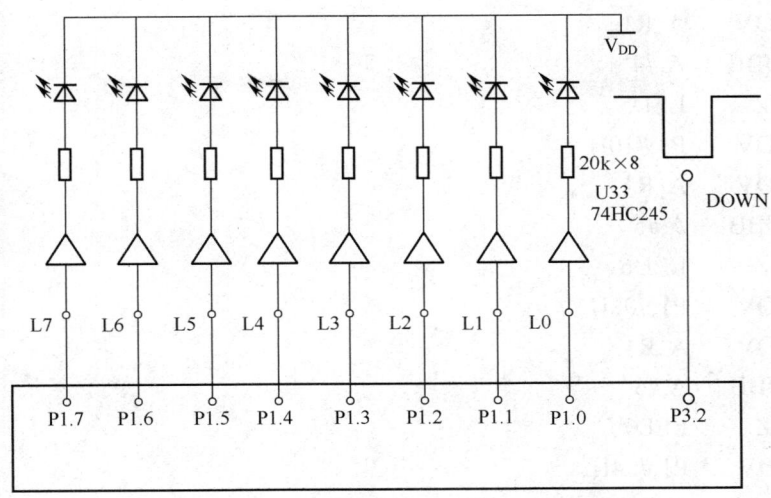

图 3.9 一键多功能按键识别电路

5. 汇编语言实验程序

```
        ORG     0000H
START:  MOV     P3,#0FFH
        MOV     P1,#00H
        MOV     R1,#00H
LOOP:   JB      P3.5,LOOP
        LCALL   DELAY
        JB      P3.5,LOOP
LOOP1:  INC     R1
        MOV     A,R1
        SUBB    A,#9
        JNZ     LED1
        MOV     R1,#1
LED1:   MOV     A,R1
        SUBB    A,#1
        JNZ     LED2
        MOV     P1,#80H
LED2:   MOV     A,R1
        SUBB    A,#2
        JNZ     LED3
        MOV     P1,#40H
LED3:   MOV     A,R1
        SUBB    A,#3
        JNZ     LED4
        MOV     P1,#20H
```

```
LED4:    MOV    A,R1
         SUBB   A,#4
         JNZ    LED5
         MOV    P1,#10H
LED5:    MOV    A,R1
         SUBB   A,#5
         JNZ    LED6
         MOV    P1,#08H
LED6:    MOV    A,R1
         SUBB   A,#6
         JNZ    LED7
         MOV    P1,#04H
LED7:    MOV    A,R1
         SUBB   A,#7
         JNZ    LED8
         MOV    P1,#02H
LED8:    MOV    A,R1
         SUBB   A,#8
         JNZ    LED9
         MOV    P1,#01H
LED9:    JMP    LOOP
DELAY:   MOV    R5,#250
         DJNZ   R5,$
         DJNZ   R4,DELAY
         RET
         END
```

6. C语言实验程序

```c
#include<reg51.h>      //包含单片机寄存器的头文件
sbit S1=P3^5;          //将S1位定义为P3.5
/*****************************
函数功能：延时一段时间
*****************************/
void delay(void)
{
 unsigned int n;
 for(n=0;n<30000;n++)
        ;
}
/*****************************
函数功能：主函数
*****************************/
void main(void)
```

```c
{
    unsigned char i;
    i=0;                            //将 i 初始化为 0
    while(1)
    {
        if(S1==0)                   //如果 S1 键按下
        {
            delay();                //延时一段时间
            if(S1==0)               //如果再次检测到 S1 键按下
                i++;                //i 自增 1
            if(i==9)                //如果 i=9,重新将其置为 1
                i=1;
        }
        switch(i)                   //使用多分支选择语句
        {
            case 1: P1=0x80;        //第一个 LED 亮
                break;
            case 2: P1=0x40;        //第二个 LED 亮
                break;
            case 3:P1=0x20;         //第三个 LED 亮
                break;
            case 4:P1=0x10;         //第四个 LED 亮
                break;
            case 5:P1=0x08;         //第五个 LED 亮
                break;
            case 6:P1=0x04;         //第六个 LED 亮
                break;
            case 7:P1=0x02;         //第七个 LED 亮
                break;
            case 8:P1=0x01;         //第八个 LED 亮
                break;
            default:                //缺省值,关闭所有 LED
                P1=0x00;
        }
    }
}
```

3.6 实验六 P3 口输入,P1 口输出实验

1. 实验目的

(1)进一步了解 P1、P3 口的使用,学习汇编语言编程方法与调试技巧。
(2)学习数据输入、输出程序的设计方法,学习延时子程序的编写和使用。

2. 实验内容

K0 和 K1 开关共有四种状态。当 K1K0 为 00 时,要求 1 只发光二极管循环向左点亮;当 K1K0 为 01 时,要求 2 只发光二极管同时循环点亮;当 K1K0 为 10 时,要求 4 只发光二极管交替点亮;当 K1K0 为 11 时,要求 8 只发光二极管交替点亮。

3. 程序框图

P3 口输入，P1 口输出程序框图如图 3.10 所示。

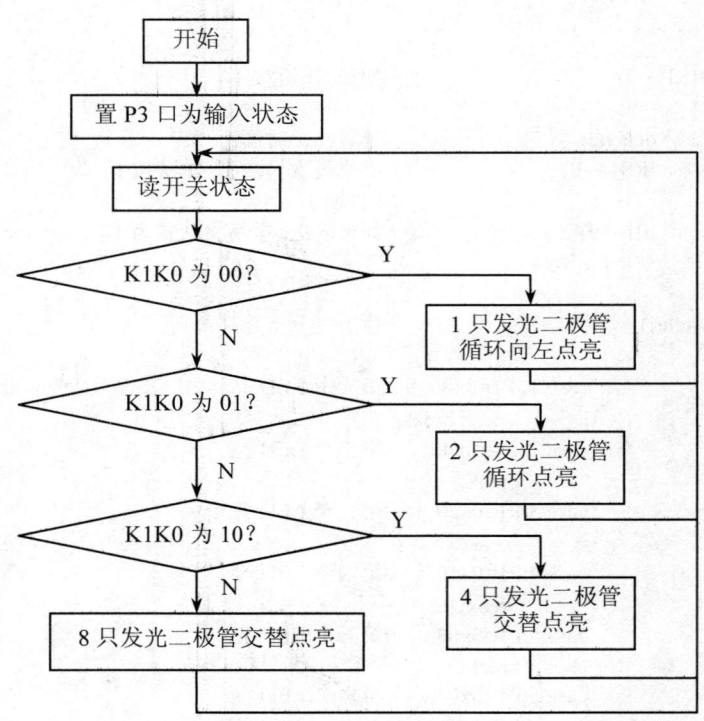

图 3.10　P3 口输入，P1 口输出程序框图

4. 实验电路

P3 口输入，P1 口输出实验电路如图 3.11 所示。

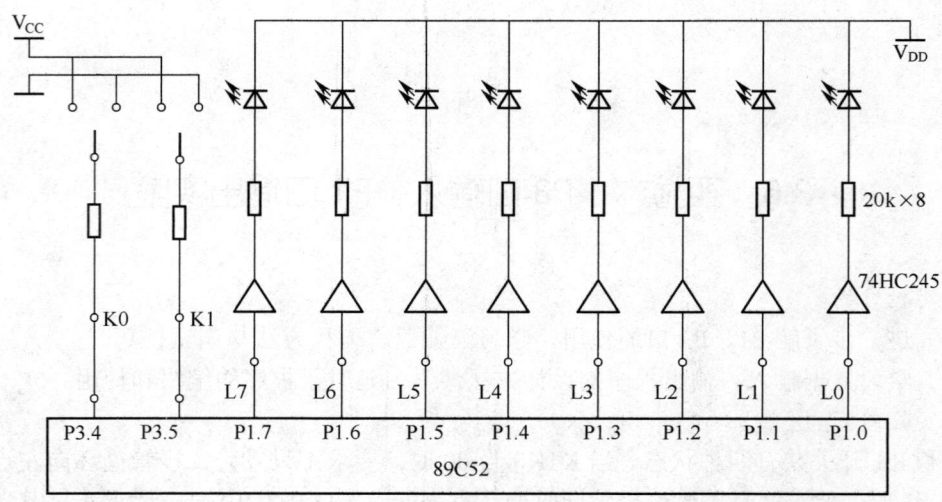

图 3.11　P3 口输入，P1 口输出实验电路

5. 实验步骤

P3.4 口接开关 K0，P3.5 口接开关 K1，P1.0～P1.7 口接发光二极管 L0～L7。连续运行本程序，应看到开关在不同状态时，各发光二极管的正确闪亮顺序。在用单步方式调试本程序时需修改延时子程序（例如，可把延时程序第一个字节改成返回指令 22H），以便观察。

6. 实验程序

```
        ORG     0000H
START:  SETB    P3.4
        SETB    P3.5
        MOV     A, P3
        ANL     A, #30H
        CJNE    A, #00H, NEXT1
        MOV     P1, #80H
        LCALL   DELAY
        MOV     P1, #40H
        LCALL   DELAY
        MOV     P1, #20H
        LCALL   DELAY
        MOV     P1, #10H
        LCALL   DELAY
        MOV     P1, #08H
        LCALL   DELAY
        MOV     P1, #04H
        LCALL   DELAY
        MOV     P1, #02H
        LCALL   DELAY
        MOV     P1, #01H
        LCALL   DELAY
        LJMP    START
NEXT1:  CJNE    A, #10H, NEXT2
        MOV     P1, #81H
        LCALL   DELAY
        MOV     P1, #42H
        LCALL   DELAY
        MOV     P1, #24H
        LCALL   DELAY
        MOV     P1, #18H
        LCALL   DELAY
        LJMP    START
NEXT2:  CJNE    A, #20H, NEXT3
```

```
                MOV     P1, #0F0H
                LCALL   DELAY
                MOV     P1, #0FH
                LCALL   DELAY
                LJMP    START
NEXT3:          MOV     P1, #0FFH
                LCALL   DELAY
                MOV     P1, #00H
                LCALL   DELAY
                LJMP    START
DELAY:          MOV     R1, #10
DEL1:           MOV     R2, #200
DEL2:           MOV     R3, #126
DEL3:           DJNZ    R3, DEL3
                DJNZ    R2, DEL2
                DJNZ    R1, DEL1
                RET
                END
```

7. C语言实验程序

```c
#include "reg52.h"
sbit s1=P3^4;
sbit s2=P3^5;
unsigned char a;
void delay(unsigned char dly)
{
   unsigned char i,j;
   for(i=155;i>0;i--)
   for(j=dly;j>0;j--);
}
void main()
{
unsigned char i;
   P3=0xFF;
      while(1)
      {
        if((s1==0) && (s2==0))
        {
        a=0x01;
           for(i=0;i<8;i++)
           {
                P1=a<<i;
                delay(255);
           }
```

```c
        }
        if((s1 == 0) && (s2== 1))
        {
            P1=0x81;
            delay(255);
            P1=0x42;
            delay(255);
            P1=0x24;
            delay(255);
            P1=0x18;
            delay(255);
        }
    if((s1 ==1) && (s2== 0))
    {
      P1=0xf0;
       delay(255);
      P1=0x0f;
       delay(255);
    }
    if((s1 ==1) && (s2== 1))
    {
      P1=0x00;
       delay(255);
      P1=0xff;
       delay(255);
    }
  }
}
```

第4章 中断实验

4.1 实验七 外部中断实验1（亮灯闪烁实验）

1. 实验目的

（1）学习外部中断技术的基本使用方法。

（2）学习中断处理程序的编写方法。

2. 实验内容

P1口的8个灯循环亮，左移8次，右移8次，用单次脉冲申请中断，按下脉冲源后全部8个灯闪烁5次后继续循环亮。这是中断程序的典型应用。

3. 程序框图

亮灯闪烁实验程序框图如图4.1所示。

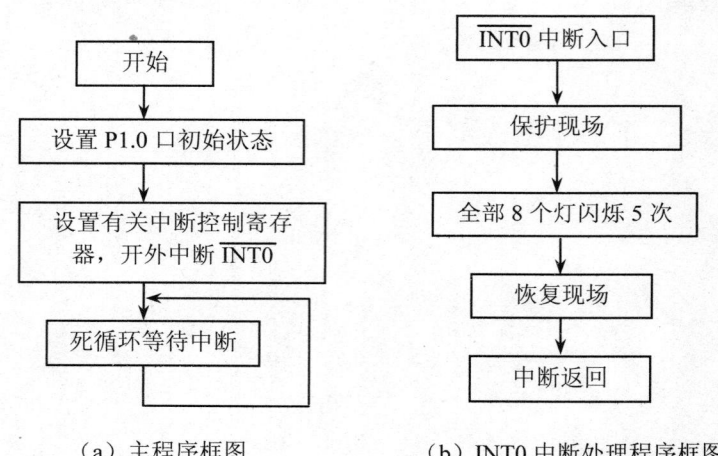

（a）主程序框图　　　　　（b）INT0中断处理程序框图

图4.1 亮灯闪烁实验程序框图

4. 实验电路

单次脉冲申请中断实验电路如图4.2所示。

5. 实验说明

编写中断处理程序需要注意的问题是：

（1）保护进入中断时的状态，并在退出中断之前恢复进入时的状态。

（2）必须在中断处理程序中设定是否允许中断重入，即设置EX0位。本例中使用了INT0中断，一般进入中断处理程序时应保护PSW、ACC以及中断处理程序使用但非其专用的寄存器（保护现场）。本例的INT0中断处理程序保护了上述三个寄存器并且在退出前恢复了这三个寄存器（恢复现场）。另外中断处理程序中涉及到关键数据的设置时应关闭中断，即设置时不允许中断重入。

（3）INT0 端接单次脉冲发生器。

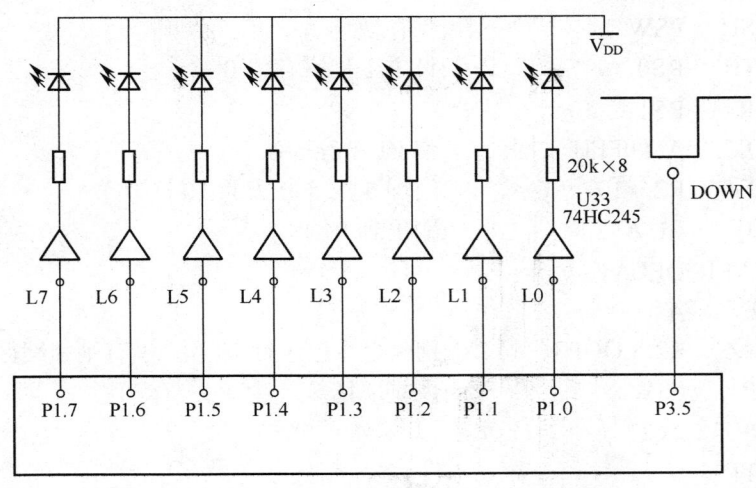

图 4.2　单次脉冲申请中断实验电路

6. 实验步骤

将 P1.0～P1.7 口连至 L0～L7 插孔上，P3.2 口接脉冲源 DOWN。运行程序后，观察发光二极管闪亮移位情况。

7. 汇编语言实验程序

```
        ORG    0000H           ;开始
        SJMP   START
        ORG    0003H           ;INT0 中断入口（P3.2 口）
        SJMP   EXT0            ;到中断子程序
START:  MOV    IE, #10000001B  ;中断使能
        MOV    IP, #00000001B  ;中断优先
        MOV    TCON, #0000000B ;中断为电平触发
        MOV    SP, #70H        ;堆栈指针
LOOP:   MOV    A, #01H         ;左移初值
        MOV    R2, #07         ;左移 7 次
LOOP1:  MOV    P1, A           ;输出到 P1 口
        ACALL  DELAY           ;延时
        RL     A               ;左移 1 位
        DJNZ   R2, LOOP1       ;判断是否左移了 7 次
        MOV    R2, #07          ;设定右移 7 次
LOOP2:  RR     A
        MOV    P1, A
        ACALL  DELAY
```

```
                DJNZ    R2, LOOP2       ;判断是否右移了7次
                SJMP    LOOP
EXT0:           PUSH    ACC             ;把A压入堆栈
                PUSH    PSW             ;保存现场
                SETB    RS0             ;设定工作寄存器0
                CLR     RS1
                MOV     A, #0FFH        ;使P1全亮一次
                MOV     R2, #10         ;闪烁5次（亮灭共10次）
LOOP3:          MOV     P1, A           ;输出到P1口
                ACALL   DELAY
                CPL     A
                DJNZ    R2, LOOP3       ;判断是否已进行10次，没有则继续循环，否则完成
                POP     PSW             ;恢复现场
                POP     ACC
                RETI
DELAY:          MOV     R5, #20         ;延时200ms
D1:             MOV     R6, #20
D2:             MOV     R7, #250
                DJNZ    R7, $
                DJNZ    R6, D2
                DJNZ    R5, D1
                RET
                END
```

8. C语言实验程序

```c
#include<reg51.h>
#include<INTRINS.H>
void delay(unsigned char dly)
{
  unsigned char i,j;
  for(i=255;i>0;i--)
  for(j=dly;j>0;j--);
}
void main()
{
  int a;
  int i;
  EA=1;
  EX0=1;
  IT0=0;
  while(1)
```

```c
    {
        a=0x01;
        for(i=0;i<8;i++)
        {
            _nop_();
            P1=a<<i;
            _nop_();
            delay(255);
        }
        a=0x80;
        for(i=0;i<8;i++)
        {
            _nop_();
            P1=a>>i;
            _nop_();
            delay(255);
        }
    }
}
void extern0() interrupt 0
{
    int i;
    for(i=0;i<5;i++)
    {
        P1=0XFF;
        delay(255);
        P1=0X00;
        delay(255);
    }
}
```

4.2　实验八　外部中断实验2（喇叭报警实验）

1. 实验目的

（1）学习外部中断技术的基本使用方法。

（2）学习中断处理程序的编程方法。

2. 实验内容

P1口的8个灯循环亮，用单次脉冲申请中断，按下脉冲源后循环暂停，小喇叭响，松开脉冲源后继续循环。这是中断的典型应用。

3. 程序框图

喇叭报警实验程序框图如图4.3所示。

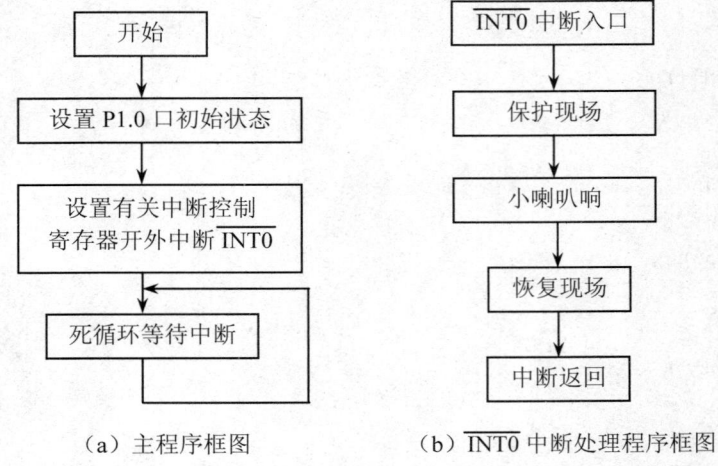

(a) 主程序框图　　　　(b) $\overline{INT0}$ 中断处理程序框图

图 4.3　喇叭报警实验程序框图

4. 实验电路

喇叭报警实验电路图如图 4.4 所示。

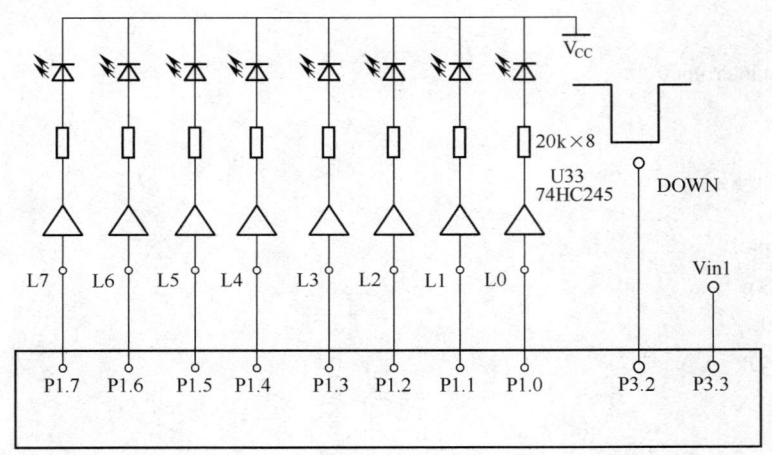

图 4.4　喇叭报警实验电路图

5. 实验步骤

将 P1.0～P1.7 口连至 L0～L7 插孔上，P3.2 口接脉冲源 DOWN，P3.3 口接音响电路 VIN1。运行程序，观察发光二极管闪亮移位情况和喇叭报警情况。

6. 汇编语言实验程序

```
            ORG    0000H              ;开始
            SJMP   START              ;跳到主程序
            ORG    0003H              ;INT0 中断入口（P3.2）
            SJMP   EXT0               ;到中断子程序
START:      MOV    IE, #10000001B     ;中断使能
            MOV    IP, #00000001B     ;中断优先
```

	MOV	TCON, #0000000B	;中断为电平触发
	MOV	SP, #70H	;堆栈指针
MAIN:			;主程序循环点亮
	MOV	P1, #0FFH	;全亮
	LCALL	DELAY	;延时一段时间
	MOV	A, #01H	;每次只亮 1 个灯
LOOP:	MOV	P1, A	;输出到 P1 口
	LCALL	DELAY	;延时
	RL	A	;循环左移
	AJMP	LOOP	;跳转 MAIN 继续循环
EXT0:	PUSH	ACC	;把 A 的值压入堆栈,保存 A
	PUSH	PSW	;保存现场
	CPL	P3.3	;小喇叭响
	ACALL	DEL	;小喇叭响的频率
	POP	PSW	;恢复现场
	POP	ACC	
	RETI		
DELAY:	MOV	R5, #20	;延时子程序 1 闪烁灯调用
D1:	MOV	R6, #20	
D2:	MOV	R7, #250	
	DJNZ	R7, $	
	DJNZ	R6, D2	
	DJNZ	R5, D1	
	RET		
DEL:	MOV	R4, #250	;延时子程序 2 小喇叭调用
	DJNZ	R4, $	
	RET		
	END		

7. C 语言实验程序

```
#include<AT89X52.h>
#include<INTRINS.H>
void delay(unsigned char dly)
{
 unsigned char i,j;
 for(i=100;i>0;i--)
   for(j=dly;j>0;j--);
}
void main()
{
 int a;
```

```c
    int i;
    EA=1;
    EX0=1;
    IT0=0;
     while(1)
     {
      a=0x01;
      for(i=0;i<8;i++)
       {
       _nop_();
       P1=a<<i;
       _nop_();
       delay(255);
       }
     }
}
void extern0() interrupt 0
{
P3_3=~P3_3;
delay(1);
}
```

4.3 实验九 中断嵌套实验

1. 实验目的

（1）学习外部中断技术的基本使用方法。

（2）学习中断处理程序的编写方法。

（3）学习利用外部中断源实现中断及设置高优先级的方法。

2. 实验内容

开机后执行主程序，P1 口输出 0FFH，外接的 8 个发光二极管全部点亮。有低优先级中断产生时，2 个发光二极管循环点亮 10 次，然后返回；有高优先级中断产生时，4 个发光二极管循环点亮 10 次，然后返回。

3. 实验电路

中断嵌套实验电路如图 4.5 所示。

4. 实验步骤

将 P1.0～P1.7 口连至 L0～L7 插孔上，运行程序后，用一根实验线一端连接脉冲源 1M 插孔，另一端碰一下 P3.2 口或 P3.3 口，观察发光二极管闪亮移位情况。

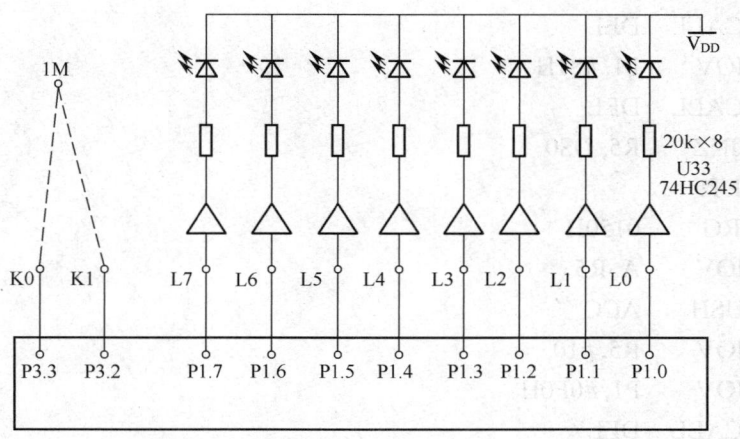

图 4.5 中断嵌套实验电路

5. 汇编语言实验程序

```
            ORG     0000H
            LJMP    MAIN
            ORG     0003H
            LJMP    INSER0
            ORG     0013H
            LJMP    INSER1
            ORG     0030H
MAIN:       MOV     SP,#70H
            MOV     IE,#85H
            SETB    PX1
LOOP:       MOV     P1,#0FFH
            SJMP    LOOP
            ORG     0100H
INSER0:     MOV     R5,#10
DS0:        MOV     P1,#81H
            LCALL   DEL
            MOV     P1,#42H
            LCALL   DEL
            MOV     P1,#24H
            LCALL   DEL
            MOV     P1,#18H
            LCALL   DEL
            MOV     P1,#24H
            LCALL   DEL
            MOV     P1,#42H
```

```
            LCALL   DEL
            MOV     P1, #81H
            LCALL   DEL
            DJNZ    R5, DS0
            RETI
            ORG     0150H
   INSER1:  MOV     A, R5
            PUSH    ACC
            MOV     R5, #10
   DS1:     MOV     P1, #0F0H
            LCALL   DEL
            MOV     P1, #0FH
            LCALL   DEL
            DJNZ    R5, DS1
            POP     ACC
            MOV     R5, A
            RETI
            ORG     0200H
   DEL:     MOV     R4, #0FFH
   DEL1:    MOV     R3, #0FFH
   DEL2:    DJNZ    R3, DEL2
            DJNZ    R4, DEL1
            RET
            END
```

6. C语言实验程序

```c
#include<AT89X52.h>
#include<INTRINS.H>
void delay(unsigned char dly)
{
 unsigned char i,j;
 for(i=100;i>0;i--)
    for(j=dly;j>0;j--);
}
void main()
{
 int a;
 int i;
EA=1;
 EX0=1;
EX1=1;
IT0=0;
```

```c
  IT1=0;
  PX1=1;
  PX0=0;
   while(1)
   P1=0XFF;
  }
void extern0() interrupt 0
{
  unsigned char i;
  for(i=0;i<10;i++)
  {
  P1=0X81;
   delay(255);
  P1=0X42;
   delay(255);
P1=0X24;
   delay(255);
  P1=0X18;
   delay(255);
   }
}
void extern1() interrupt 2
{
unsigned char i;
  for(i=0;i<10;i++)
{
P1=0X0F;
  delay(255);
P1=0XF0;
  delay(255);
  }
}
```

4.4 实验十 中断实现数码管加 1 减 1

1. 实验目的

学习利用外部中断源实现按键处理。

2. 实验内容

开机后执行主程序，P1 口输出段码，数码管显示。有外部中断 0 产生时，显示数值加 1。有外部中断 1 产生时，显示数值减 1。

3. 实验电路

实验电路图如图 4.6 所示。

4. 实验步骤

将 P1.0～P1.7 口连至 L0～L7 插孔上，运行程序后，用 1 根试验线一端连接脉冲源 1M 插孔，另一端碰一下 P3.2 口或 P3.3 口，观察数码管显示情况。

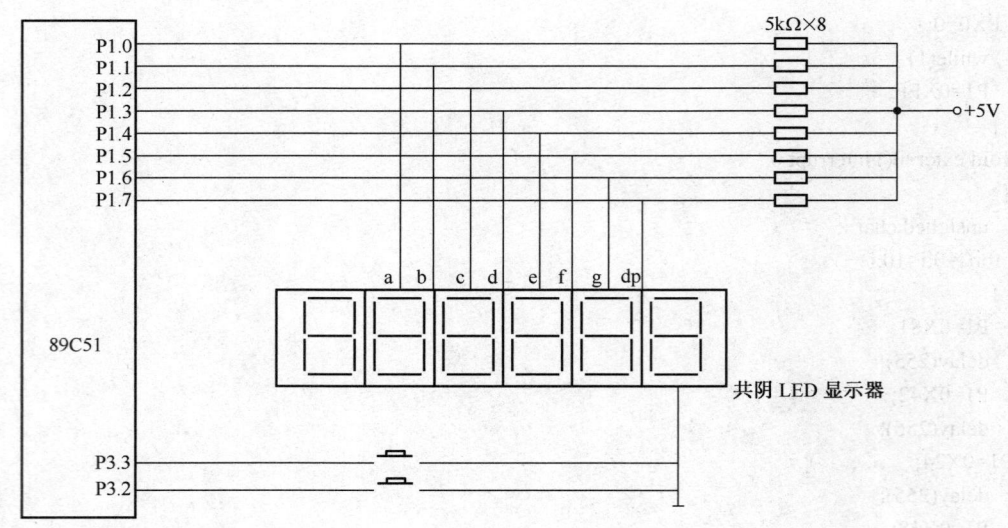

图 4.6 中断实现数码管加 1 减 1 电路图

5. 汇编语言实验程序

```
        ORG     0000H
        LJMP    MAIN
        ORG     0003H
        LJMP    INSER0
        ORG     0013H
        LJMP    INSER1
        ORG     0030H
MAIN:   MOV     SP,#70H
        MOV     IE,#85H
        SETB    PX1
        MOV     R1,#00H
LOOP:   MOV     DPTR,#TABLE
LP1:    MOV     A,R1
        MOVC    A,@A+DPTR
        MOV     P1,A
        LJMP    LOOP
TABLE:  DB      3FH,06H,5BH,4FH,66H,6DH,7DH,07H,7FH,67H
        ORG     0100H
INSER0: INC     R1
        RETI
        ORG     0150H
```

```
INSER1:  DEC     R1
         RETI
         ORG     0200H
DEL:     MOV     R4,#0FFH
DEL1:    MOV     R3,#0FFH
DEL2:    DJNZ    R3,DEL2
         DJNZ    R4,DEL1
         RET
         END
```

6. C 语言实验程序

```c
#include<AT89X52.h>
#include<INTRINS.H>
unsigned char x;
void delay(unsigned char dly)
{
  unsigned char i,j;
  for(i=150;i>0;i--)
    for(j=dly;j>0;j--);
}
void main()
{
unsigned char code led7code[]={0X3F,0X06,0X5B,0X4F,0X66,0X6D,0X7D,0X07,0X7F,0X6F};
  EA=1;
  EX0=1;
 EX1=1;
 IT0=0;
 IT1=0;
 PX1=1;
 PX0=0;
   while(1)
    {
    P1=led7code[x];
    }
 }
void extern0() interrupt 0
{
delay(150);
if(P3_2==0)
x++;
if(x==10)
 x=0;
}
void extern1() interrupt 2
{
delay(150);
if(P3_3==0)
x--;
if(x==0XFF)
 x=9;
}
```

第 5 章 定时/计数器实验

5.1 实验十一 定时器实验 1（P1.0 状态取反）

1. 实验目的
（1）学习 51 单片机内部计数器的使用和编程方法。
（2）进一步掌握中断处理程序的编程方法。
2. 实验内容
使用单片机内部定时器以中断方式计时，实现输出每秒钟发生一次反转。
3. 程序框图
定时器实验 1 实验程序框图如图 5.1 所示。

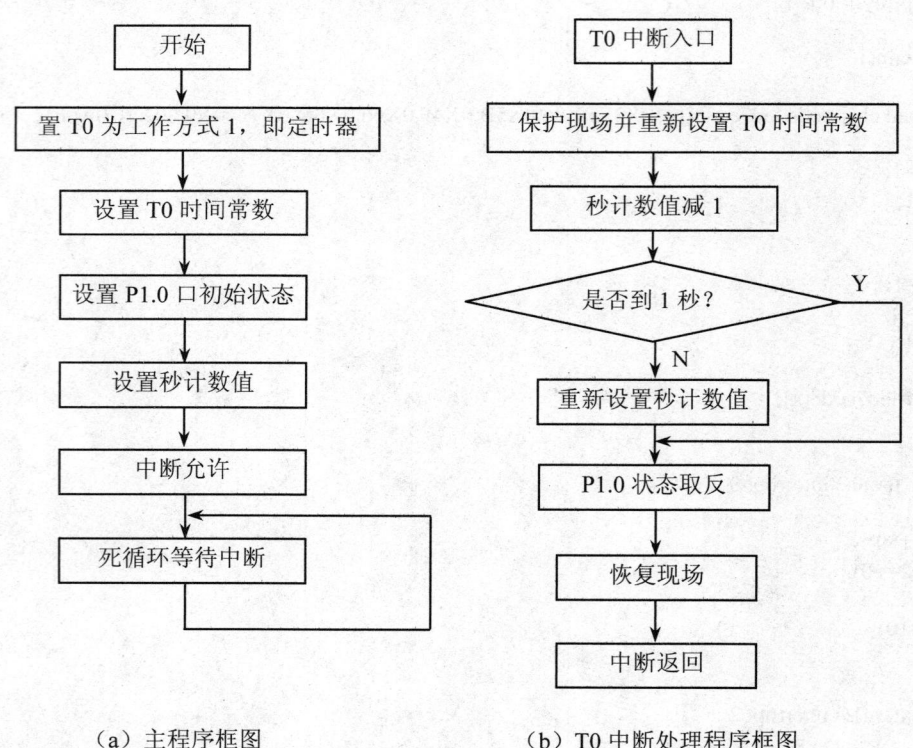

（a）主程序框图　　　（b）T0 中断处理程序框图
图 5.1 定时器实验 1 实验程序框图

4. 实验电路
将 P1.0 用导线和 LED0 相连。

5. 汇编语言实验程序

```
            ORG   0000H                       ;中断控制 P1.0 口
            AJMP  MAIN
            ORG   000BH
            AJMP  INT_TIMER0
            ORG   0030H
MAIN:       MOV   TMOD, #01H                  ;设置定时器工作方式为方式 1
            MOV   TH0, #HIGH(65536-50000)
            MOV   TL0, #LOW(65536-50000)      ;设 50ms 初始值
            MOV   IE, #82H                    ;设置中断允许寄存器
            MOV   30H, #10
            MOV   31H, #6                     ;30H 和 31H 是两个软件计数器
            SETB  TR0                         ;启动定时
            AJMP  $                           ;原地踏步
INT_TIMER0:                                   ;定时器 0 中断服务程序
            MOV   TH0, #HIGH(65536-50000)
            MOV   TL0, #LOW(65536-50000)      ;重设 50ms 定时
            DJNZ  30H, L1
            MOV   30H, #10
            DJNZ  31H, L1
            MOV   31H, #6                     ;软件计数
            CPL   P1.0                        ;10×6×50ms=3000ms，时间到，P1.0 取反
L1:         RETI                              ;中断返回
            END
```

6. C 语言实验程序

```c
#include<reg51.h>                 //包含 51 单片机寄存器定义的头文件
sbit D1=P1^0;                     //将 D1 位定义为 P1.0 引脚
void main(void)
{
    EA=1;                         //开总中断
    ET0=1;                        //定时器 T0 中断允许
    TMOD=0x01;                    //使用定时器 T0 的模式 1
    TH0=(65536-50000)/256;        //定时器 T0 的高 8 位赋初值
    TL0=(65536-50000)%256;        //定时器 T0 的低 8 位赋初值
    TR0=1;                        //启动定时器 T0
Countor=0;                        //从 0 开始累计中断次数
    while(1)
        ;                         //无限循环等待中断
}
void Time0(void) interrupt 1 using 0    //interrupt 声明函数为中断服务函数
//其后的 1 为定时器 T0 的中断编号；0 表示使用第 0 组工作寄存器
{
    Countor++;                    //中断次数自加 1
```

```
        if(Countor==20)              //若累计满 20 次，即计时满 1s
        {
            D1=~D1;                  //按位取反操作，将 P1.0 引脚输出电平取反
            Countor=0;               //将 Countor 清 0，重新从 0 开始计数
        }
        TH0=(65536-50000)/256;       //定时器 T0 的高 8 位赋初值
        TL0=(65536-50000)%256;       //定时器 T0 的低 8 位赋初值
    }
```

7. 思考问题

修改上面的程序，使 T0 工作方式为方式 0 或方式 2。

5.2 实验十二 定时器实验 2（时序控制）

1. 实验目的

（1）学习 8031 内部计数器的使用和编程方法。

（2）进一步掌握中断处理程序的编写方法。

2. 实验内容

令 8031 内部定时器 1 按方式 1 工作，即作为 16 位定时器使用，每 0.05 秒钟 T1 溢出中断一次。P1 口的 P1.0~P1.7 分别接 8 个发光二极管。要求编写程序以模拟一个时序控制装置，开机后第一秒 L1、L3 亮，第二秒 L2、L4 亮，第三秒 L5、L7 亮，第四秒 L6、L8 亮，第五秒 L1、L3、L5、L7 亮，第六秒 L2、L4、L6、L8 亮，第七秒 8 个二极管全亮，第八秒 8 个二极管全灭。之后又从头开始，L1、L3 亮，然后 L2、L4 亮……一直循环下去。

3. 实验程序框图

时序控制电路程序框图如图 5.2 所示。

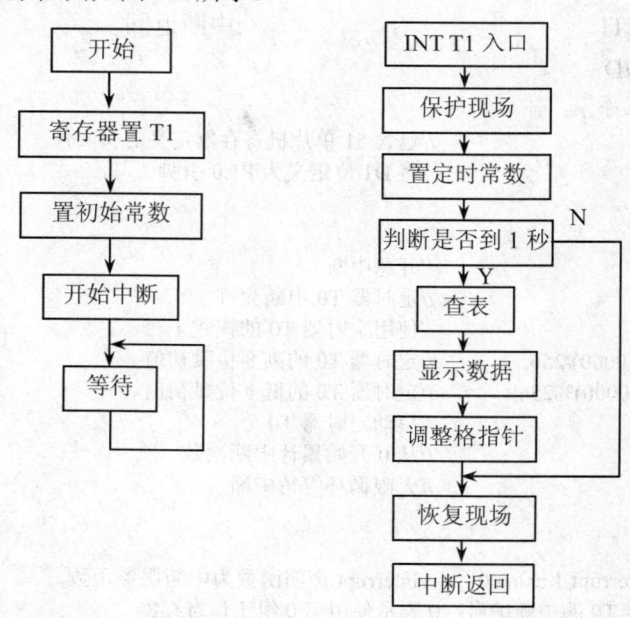

（a）T1LED.ASM 主程序框图　　（b）INT_T1 中断子程序框图

图 5.2 时序控制电路程序框图

4. 实验电路

时序控制电路连线图如图 5.3 所示。

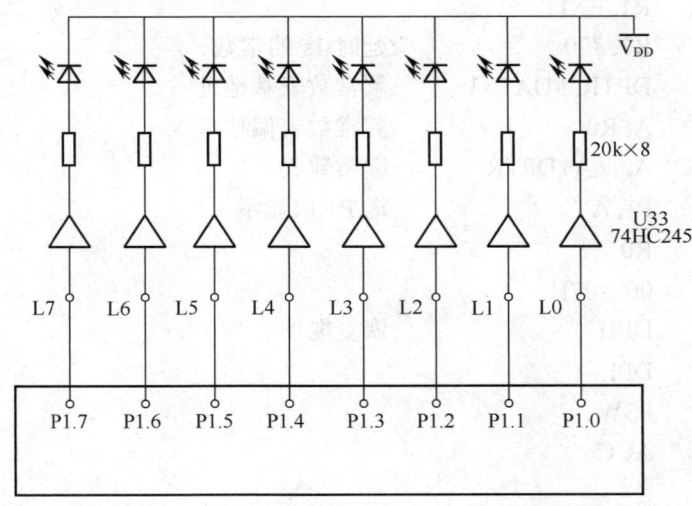

图 5.3 时序控制电路连线图

5. 汇编语言实验程序

```
        ORG     0000H
        AJMP    START
        ORG     001BH           ;T1 中断入口地址
        AJMP    INT_T1
        ORG     0100H
START:  MOV     SP, #60H
        MOV     TMOD, #10H      ;置 T1 为方式 1
        MOV     TL1, #00H       ;延时 50ms 的时间常数
        MOV     TH1, #4BH
        MOV     R0, #00H
        MOV     R1, #20
        SETB    TR1
        SETB    ET1
        SETB    EA              ;开中断
        SJMP    $
INT_T1: PUSH    ACC             ;T1 中断服务子程序
        PUSH    PSW             ;保护现场
        PUSH    DPL
        PUSH    DPH
        CLR     TR1             ;关中断
        MOV     TL1, #00H       ;延时 50ms 常数
```

```
            MOV     TH1, #4BH
            SETB    TR1                 ;开中断
            DJNZ    R1, EXIT
            MOV     R1, #20             ;延时1s的常数
            MOV     DPTR, #DATA1        ;置常数表基地址
            MOV     A, R0               ;置常数表偏移量
            MOVC    A, @A+DPTR          ;读常数表
            MOV     P1, A               ;送P1口显示
            INC     R0
            ANL     00, #07H
EXIT:       POP     DPH                 ;恢复现场
            POP     DPL
            POP     PSW
            POP     ACC
            RETI
                                        ;发光二极管显示常数表
DATA1:  DB     0FAH, 0F5H, 0AFH, 05FH, 0AAH, 55H, 00H, 0FFH
        END
```

6. C语言实验程序

```c
#include<reg51.h>                    //包含51单片机寄存器定义的头文件
unsigned char i;
unsigned char code Tab[8]={0xFA,0xF5,0xAF,0x5F,0xAA,0x55,0x00,0xFF};
void main(void)
{
    EA=1;                            //开总中断
    ET0=1;                           //定时器T1中断允许
    TMOD=0x10;                       //使用定时器T1的模式1
    TH1=(65536-50000)/256;           //定时器T1的高8位赋初值
    TL1=(65536-50000)%256;           //定时器T1的低8位赋初值
    TR1=1;                           //启动定时器T1
Countor=0;                           //从0开始累计中断次数
    while(1)                         //无限循环等待中断
        ;
}
void Time0(void) interrupt 3 using 0
    {
        Countor++;                   //中断次数自加1
        if(Countor==20)              //若累计满20次，即计时满1s
        {
            P1= Tab[i];
            Countor=0;               //将Countor清0，重新从0开始计数
            i++;
            if(i==8)                 //若累计满8次
```

```
            i==0;
    }
    TH1=(65536-50000)/256;        //定时器 T1 的高 8 位赋初值
    TL1=(65536-50000)%256;        //定时器 T1 的低 8 位赋初值
}
```

5.3 实验十三 定时器 T1 计数实验

1. 实验目的

（1）学习 8031 内部计数器的使用和编程方法。
（2）进一步掌握中断处理程序的编写方法。

2. 实验内容

使用定时器 T1 以方式 2 计数，每计 10 次，进行累加器加 1 操作，并送 P1 口显示。

3. 实验电路

定时器 T1 方式 2 实验电路连线图如图 5.4 所示。

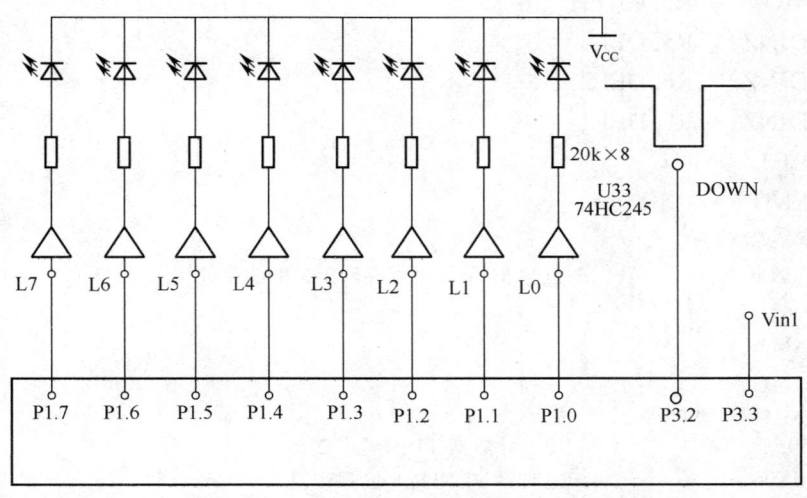

图 5.4 定时器 T1 方式 2 实验电路连线图

4. 实验步骤

把 P1.0～P1.7 口连至 L0～L7 插孔上，用一根实验线一端连接脉冲源 DOWN 插孔，另一端连接 P3.5。运行程序后，可发现每按下按钮开关 10 次，P1 口按二进制加 1。观察发光二极管闪亮移位情况。

5. 实验程序

```
        ORG     0000H
        LJMP    MAIN
        ORG     00030H
MAIN:   MOV     TMOD, #60H
        MOV     TH1, #0F6H
```

```
            MOV     TL1, #0F6H
            MOV     A, #00H
            MOV     IE, #88H
            SETB    TR1
            MOV     P1, #00H
            ACALL   DEL
LOOP:       JBC     TF1, LOOP1
            AJMP    LOOP
LOOP1:      INC     A
            MOV     P1, A
            ACALL   DEL
            AJMP    LOOP
DEL:        MOV     R7, #014H
DEL1:       MOV     R6, #0FFH
DEL2:       MOV     R5, #01FH
DEL3:       DJNZ    R5, DEL3
            DJNZ    R6, DEL2
            DJNZ    R7, DEL1
            RET
            END
```

6. C 语言实验程序

```c
#include<reg51.h>             //包含 51 单片机寄存器定义的头文件
unsigned char i;
void main(void)
{
    unsigned char count;
    TMOD=0x60;                //使用计数器 T1 的模式 2
    TH1=0X06;                 //定时器 T1 的高 8 位赋初值
    TL1=0X06;                 //定时器 T1 的低 8 位赋初值
    IE=0;
    TR1=1;                    //启动定时器 T1
    P1=0;                     //从 0 开始累计中断次数
    while(1)                  //无限循环等待中断
    if(TF1==1)
    count++;
    P1=count;
    delay();
TF1=0 ;
}
void delay(void)
{
    unsigned char i,j;
```

```
        for(i=0;i<250;i++)
            for(j=0;j<250;j++)
                ;                //利用循环等待若干机器周期，从而延时一段时间
    }
```

5.4 实验十四 定时器实验3（T0中断实现《渴望》主题曲的播放）

1. 实验目的

学习 8031 内部定时/计数器的使用和编程方法。

2. 实验内容

用定时器 T0 的中断实现《渴望》主题曲的播放。

3. 实验电路

将 P3.7 用导线和音响、频率合成 VIN1 相连。

4. C语言实验程序

```
#include<reg51.h>      //包含 51 单片机寄存器定义的头文件
sbit sound=P3^7;       //将 sound 位定义为 P3.7
unsigned int C;        //储存定时器的定时常数
//以下是 C 调低音的音频宏定义
#define l_dao 262      //将"l_dao"宏定义为低音"1"的频率 262Hz
#define l_re 286       //将"l_re"宏定义为低音"2"的频率 286Hz
#define l_mi 311       //将"l_mi"宏定义为低音"3"的频率 311Hz
#define l_fa 349       //将"l_fa"宏定义为低音"4"的频率 349Hz
#define l_sao 392      //将"l_sao"宏定义为低音"5"的频率 392Hz
#define l_la 440       //将"l_la"宏定义为低音"6"的频率 440Hz
#define l_xi 494       //将"l_xi"宏定义为低音"7"的频率 494Hz
//以下是 C 调中音的音频宏定义
#define dao 523        //将"dao"宏定义为中音"1"的频率 523Hz
#define re 587         //将"re"宏定义为中音"2"的频率 587Hz
#define mi 659         //将"mi"宏定义为中音"3"的频率 659Hz
#define fa 698         //将"fa"宏定义为中音"4"的频率 698Hz
#define sao 784        //将"sao"宏定义为中音"5"的频率 784Hz
#define la 880         //将"la"宏定义为中音"6"的频率 880Hz
#define xi 987         //将"xi"宏定义为中音"7"的频率 987H
//以下是 C 调高音的音频宏定义
#define h_dao 1046     //将"h_dao"宏定义为高音"1"的频率 1046Hz
#define h_re 1174      //将"h_re"宏定义为高音"2"的频率 1174Hz
#define h_mi 1318      //将"h_mi"宏定义为高音"3"的频率 1318Hz
#define h_fa 1396      //将"h_fa"宏定义为高音"4"的频率 1396Hz
#define h_sao 1567     //将"h_sao"宏定义为高音"5"的频率 1567Hz
#define h_la 1760      //将"h_la"宏定义为高音"6"的频率 1760Hz
#define h_xi 1975      //将"h_xi"宏定义为高音"7"的频率 1975Hz
/*******************************************
函数功能：1个延时单位，延时 200ms
********************************************/
```

```c
void delay()
    {
      unsigned char i,j;
        for(i=0;i<250;i++)
           for(j=0;j<250;j++)
              ;
    }
/*******************************
函数功能：主函数
*******************************/
void main(void)
    {
    unsigned char i,j;
//以下是《渴望》片头曲的一段简谱
    unsigned   int code f[]={re,mi,re,dao,l_la,dao,l_la,    //每行对应一小节音符
                            l_sao,l_mi,l_sao,l_la,dao,
                                l_la,dao,sao,la,mi,sao,
                                re,
                                mi,re,mi,sao,mi,
                                l_sao,l_mi,l_sao,l_la,dao,
                            l_la,l_la,dao,l_la,l_sao,l_re,l_mi,
                                l_sao,
                                re,re,sao,la,sao,
                                fa,mi,sao,mi,
                                la,sao,mi,re,mi,l_la,dao,
                                re,
                                mi,re,mi,sao,mi,
                                l_sao,l_mi,l_sao,l_la,dao,
                                l_la,dao,re,l_la,dao,re,mi,
                                re,
                                l_la,dao,re,l_la,dao,re,mi,
                                re,
                                0xff};    //以 0xff 作为音符的结束标志
//以下是简谱中每个音符的节拍
// "4"对应 4 个延时单位，"2"对应 2 个延时单位，"1"对应 1 个延时单位
unsigned char code JP[ ]={4,1,1,4,1,1,2,
                        2,2,2,2,8,
                                4,2,3,1,2,2,
                                10,
                                4,2,2,4,4,
                                2,2,2,2,4,
                        2,2,2,2,2,2,2,
                                10,
                                4,4,4,2,2,
                                4,2,4,4,
                                4,2,2,2,2,2,2,
```

```
                        10,
                        4,2,2,4,4,
                        2,2,2,2,6,
                        4,2,2,4,1,1,4,
                        10,
                        4,2,2,4,1,1,4,
                        10
                        };
    EA=1;               //开总中断
    ET0=1;              //定时器 T0 中断允许
    TMOD=0x00;          //使用定时器 T0 的模式 1（13 位计数器）
    while(1)            //无限循环
      {
        i=0;                    //从第 1 个音符 f[0]开始播放
      while(f[i]!=0xff)         //只要没有读到结束标志就继续播放
          {
          C=460830/f[i];
          TH0=(8192-C)/32;      //可证明这是 13 位计数器 TH0 高 8 位的赋初值方法
          TL0=(8192-C)%32;      //可证明这是 13 位计数器 TL0 低 5 位的赋初值方法
          TR0=1;                //启动定时器 T0
            for(j=0;j<JP[i];j++)    //控制节拍数
              delay();              //延时 1 个节拍单位
              TR0=0;                //关闭定时器 T0
              i++;                  //播放下一个音符
            }
       }
}
/***********************************************************
函数功能：定时器 T0 的中断服务子程序，使 P3.7 引脚输出音频的方波
***********************************************************/
  void Time0(void) interrupt 1 using 1
   {
     sound=!sound;          //将 P3.7 引脚输出电平取反，形成方波
     TH0=(8192-C)/32;       //可证明这是 13 位计数器 TH0 高 8 位的赋初值方法
     TL0=(8192-C)%32;       //可证明这是 13 位计数器 TL0 低 5 位的赋初值方法
   }
```

第 6 章 单片机常用接口电路实验

6.1 实验十五 一位数码管显示实验

1. 实验目的

(1) 学习 P1 口的使用方法。

(2) 学习延时子程序的编写和使用。

(3) 掌握七段数码管显示数字的原理。

2. 实验预备知识

(1) 原理：数码管实际上是由 7 个发光管组成 "8" 字型构成的，加上小数点就是 8 个发光管。本实验用的是 6 个共阴极扫描型数码管。共阴极是指数码管的公共端接负极。扫描型是指几位的数码管的段选都是并联的，由它们的位选位来控制哪一位的数码管点亮。动态扫描显示接口是单片机中应用最为广泛的显示方式之一，其接口电路是把所有显示器的 8 个笔划段 a～h 的同名端连在一起，而每一个显示器的公共极 COM 各自独立地受 I/O 线控制。CPU 向字段输出口送出字形码时，所有显示器接收到相同的字形码，但究竟是哪个显示器亮则取决于 COM 端，而这一端是由 I/O 控制的，所以我们就可以自行决定何时显示哪一位了。而所谓动态扫描是指采用分时的方法，轮流控制各个显示器的 COM 端，轮流点亮各个显示器。在轮流点亮扫描过程中，每个显示器的点亮时间是极为短暂的（约 1ms），但由于人的视觉暂留现象及发光二极管的余辉效应，尽管实际上各个显示器并非同时点亮，但只要扫描的速度足够快，给人的印象就是一组稳定的显示数据，不会有闪烁感。八段数码管显示数字的 16 进制代码如表 6.1 所示。

表 6.1 八段数码管显示数字的 16 进制代码表（共阴极）

显示数字	P1.7	P1.6	P1.5	P1.4	P1.3	P1.2	P1.1	P1.0	16 进制代码
0	0	0	1	1	1	1	1	1	3FH
1	0	0	0	0	0	1	1	0	06H
2	0	1	0	1	1	0	1	1	5BH
3	0	1	0	0	1	1	1	1	4FH
4	0	1	1	0	0	1	1	0	66H
5	0	1	1	0	1	1	0	1	6DH
6	0	1	1	1	1	1	0	1	7DH
7	0	0	0	0	0	1	1	1	07H
8	0	1	1	1	1	1	1	1	7FH
9	0	1	1	0	0	1	1	1	67H

（2）连线方法：将 P1 口接到 LA～LH 对应 8 段数码管的段选，在 Y0～Y5 对应八段数码管的位选，将其接低电平选中对应 6 位中的任一个数码管（注意：要将实验箱中间有 51 和 88 的跳线选到 88 的一边）。LA～LH 和实验箱中间的跳线有关，跳线在 88 这边时数码管的段选是通过 74LS244 驱动，位选是通过 74LS07 驱动，Y0～Y5 对应 6 个数码的位选。

（3）数码管采用共阴极 LED 显示数字。注意：1 为点亮，0 为熄灭。

3. 实验内容

P1 接七段数码管段数据口，P3 接七段数码管位数据口，编写程序，使一位数码管 0～9 循环点亮，注意小喇叭在 3.3 口，小喇叭应不停发出滴答声。

4. 程序框图

一位数码管显示实验程序框图如图 6.1 所示。

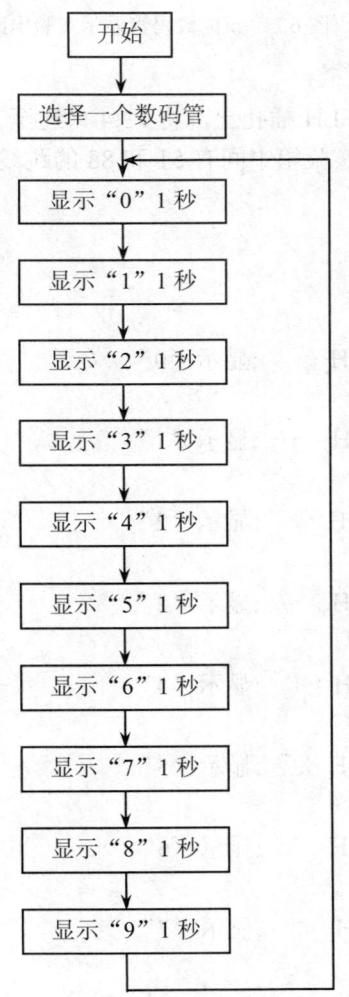

图 6.1 一位数码管显示实验程序框图

5. 实验电路

一位数码管显示实验电路如图 6.2 所示。

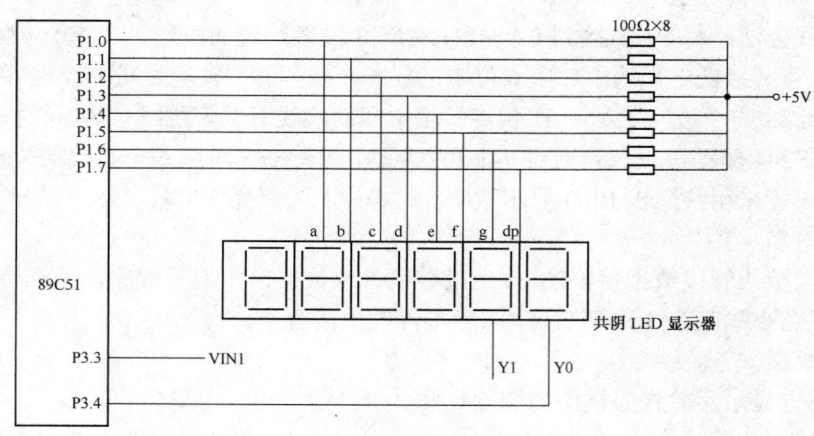

图 6.2 一位数码管显示实验电路

6. 实验步骤

将 P1.0～P1.7 口连至 LA～LH 插孔上，将 P3.4 口连至 Y0 插孔上，小喇叭接在 P3.3 口，将 P3.3 口连至 VIN1 插孔，将实验箱中间有 51 和 88 的跳线选到 88 的一边。运行程序后，观察数码管闪亮情况。

7. 汇编语言实验程序

```
        ORG    0000H
START:  CLR    P3.4
        MOV    P1, #3FH    ;显示"0"
        LCALL  DELAY
        MOV    P1, #06H    ;显示"1"
        LCALL  DELAY
        MOV    P1, #5BH    ;显示"2"
        LCALL  DELAY
        MOV    P1, #4FH    ;显示"3"
        LCALL  DELAY
        MOV    P1, #66H    ;显示"4"
        LCALL  DELAY
        MOV    P1, #6DH    ;显示"5"
        LCALL  DELAY
        MOV    P1, #7DH    ;显示"6"
        LCALL  DELAY
        MOV    P1, #07H    ;显示"7"
        LCALL  DELAY
        MOV    P1, #7FH    ;显示"8"
        LCALL  DELAY
        MOV    P1, #67H    ;显示"9"
        LCALL  DELAY
```

```
            LJMP    START
DELAY:                              ;延时子程序
            CLR     P3.3            ;注意小喇叭在 P3.3 口，这里可以使小喇叭发出嗒嗒声
            MOV     R4, #10
D1:         MOV     R5, #200
D2:         MOV     R6, #126
D3:         DJNZ    R6, D3
            SETB    P3.3
            DJNZ    R5, D2
            CLR     P3.3
            DJNZ    R4, D1
            RET
            END
```

8. C语言实验程序

```c
#include<reg51.h>
unsigned char i;
sbit S1=P3^4;
sbit S2=P3^3;
void delay (void)
{
    unsigned char i,j,k;
for(k=0;k<33;k++)
{
S2=~S2;
    for(i=0;i<100;i++)
        for(j=0;j<100;j++);
    }
}
  void main(void)
{ S1=0;
  while(1)
{
    P1=0X3F;
delay();
P1=0X06;
delay();
P1=0X5B;
delay();
P1=0X4F;
delay();
P1=0X66;
  delay();
```

```
P1=0X6D;
delay();
P1=0X7D;
delay();
P1=0X07;
delay();
P1=0X7F;
delay();
P1=0X67;
delay();
}
}
```

9. 思考问题

（1）改变延时常数，使发光二极管闪亮时间改变。

（2）修改程序，使数码管显示 A～F。

6.2　实验十六　单片机的受控输出显示实验 1

（数码管循环显示）

1. 实验目的

（1）学习 P1 口的使用方法。

（2）学习延时子程序的编写和使用。

（3）掌握七段数码管显示数字的原理。

2. 实验内容

由输入信号控制输出信号，P1 口接七段数码管段数据口，P3.5 口接脉冲源 DOWN，P3.3 口接七段数码管位数据口 Y0，编写程序。程序运行后，右边第一个数码管显示 0，若按动脉冲源，则数码管以 1 秒的间隔显示 "1，2，…，9，A，B，C，D，E，F"，最后停止在 "0"，即实现输出的数字由人工输入触发。

3. 程序框图

单片机的受控输出显示实验 1 的程序框图如图 6.3 所示。

4. 实验电路

单片机的受控输出显示实验 1 的电路如图 6.4 所示。

5. 实验步骤

将 P1.0～P1.7 口连至 LA～LH 插孔上，P3.5 口接脉冲源 DOWN，P3.3 口接七段数码管位数据口 Y0，将实验箱中有 51 和 88 的跳线选到 88 的一边。运行程序后，观察数码管闪亮情况。

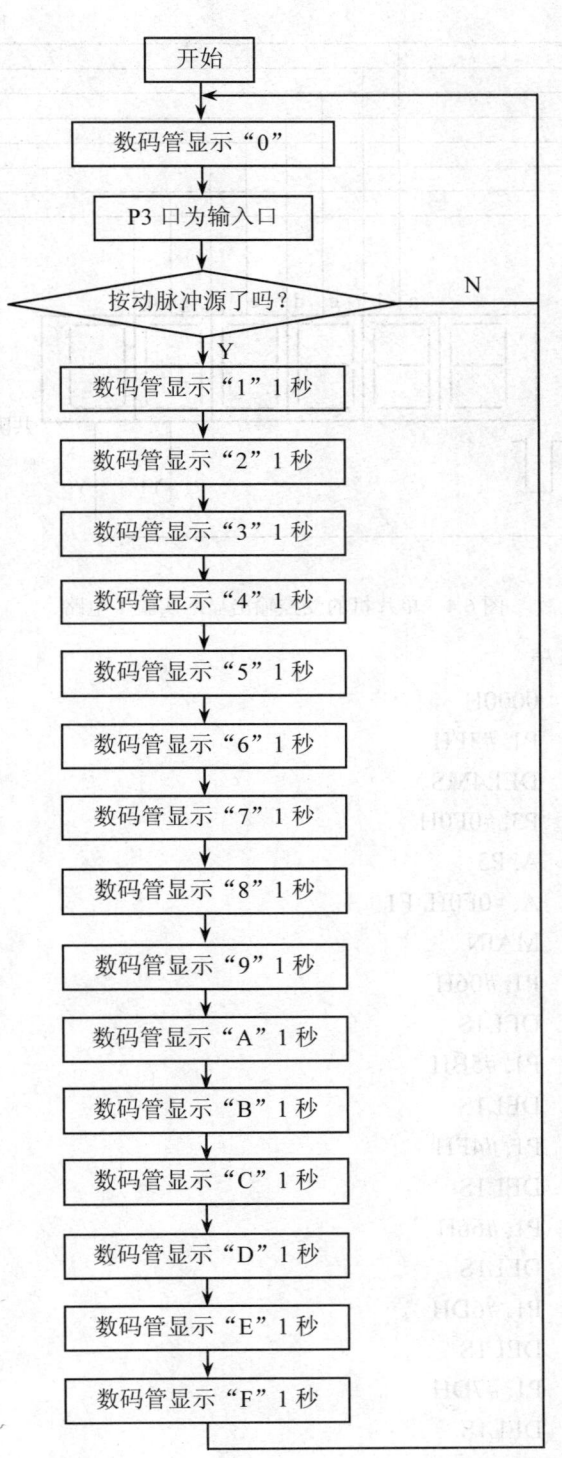

图 6.3 单片机的受控输出显示实验 1 的程序框图

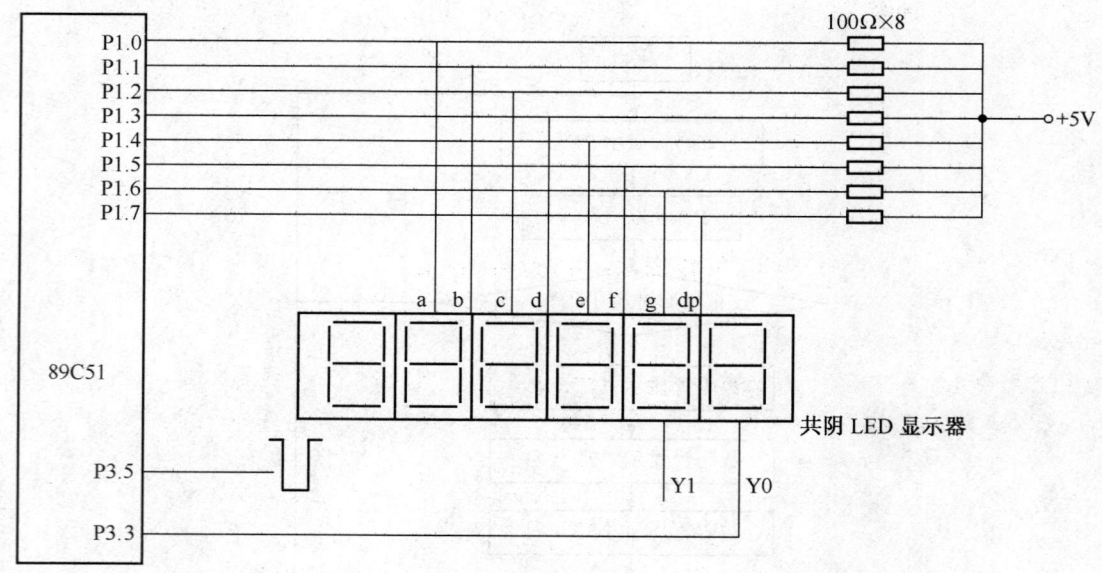

图 6.4 单片机的受控输出显示实验 1 电路

6. 汇编语言实验程序

```
            ORG    0000H
MAIN:       MOV    P1, #3FH
            ACALL  DEL4MS
            MOV    P3, #0F0H
            MOV    A, P3
            CJNE   A, #0F0H, F1
            AJMP   MAIN
F1:         MOV    P1, #06H
            ACALL  DEL1S
            MOV    P1, #5BH
            ACALL  DEL1S
            MOV    P1, #4FH
            ACALL  DEL1S
            MOV    P1, #66H
            ACALL  DEL1S
            MOV    P1, #6DH
            ACALL  DEL1S
            MOV    P1, #7DH
            ACALL  DEL1S
            MOV    P1, #07H
            ACALL  DEL1S
            MOV    P1, #7FH
```

```
            ACALL   DEL1S
            MOV     P1, #67H
            ACALL   DEL1S
            MOV     P1, #77H
            ACALL   DEL1S
            MOV     P1, #7CH
            ACALL   DEL1S
            MOV     P1, #39H
            ACALL   DEL1S
            MOV     P1, #5EH
            ACALL   DEL1S
            MOV     P1, #79H
            ACALL   DEL1S
            MOV     P1, #71H
            ACALL   DEL1S
            AJMP    MAIN
DEL4MS:     MOV     R7, #04H
DL0:        MOV     R6, #0FFH
DL1:        DJNZ    R6, DL1
            DJNZ    R7, DL0
            RET
DEL1S:      MOV     R5, 0FFH
F2:         ACALL   DEL4MS
            DJNZ    R5, F2
            RET
            END
```

7. C 语言实验程序

```
#include<reg51.h>          //包含 51 单片机寄存器定义的头文件
unsigned char i;
sbit S1=P3^4;               //将 S1 位定义为 P3.4 引脚
sbit S2=P3^3;
void delay (void)
{
    unsigned char i,j,k;
for(k=0;k<33;k++)
{
    for(i=0;i<100;i++)
        for(j=0;j<100;j++)
    }
}
```

```c
    void main(void)
    {
    unsigned char i;
    unsigned char code Tab[16]={0x3F,0x06,0x5B,0x4F,0x66,0x6D,0x7D,0x07,0x7F,0x67,0x77,0x7C,0x39,0x5E,0x79,0x71};
       S2=0;
          while(1)                //无限循环
             {
                if(S1==0)
    {
    for(i=0;i<16;i++)
             {
                P1=Tab[i];
                delay();         //调用延时函数
             }
          }
       }
    }
```

6.3 实验十七 单片机的受控输出显示实验2（显示并报警）

1. 实验目的
掌握七段数码管显示数字的原理。
2. 实验内容
由输入信号控制输出信号，P1 口接七段数码管段数据口，P3.5 口接脉冲源 DOWN，P3.4 口接七段数码管位数据口 Y0，P3.3 口接音响电路 VIN1。编写程序，程序运行后，右边第一个数码管不显示数字。若按动脉冲源，则数码管显示"1"，再按动显示"2"，…，直到显示"9"，同时喇叭发出"嘀"的响声报警，最后回到"0"。输出数字的实现由人工输入触发。
3. 程序框图
单片机的受控输出显示实验2 的程序框图如图 6.5 所示。
4. 实验电路
单片机的受控输出显示实验2 的电路如图 6.6 所示。
5. 实验步骤
将 P1.0～P1.7 口连至 LA～LH 插孔上，P3.5 口接脉冲源 DOWN，P3.4 口接七段数码管位数据口 Y0，P3.3 口接音响电路 VIN1，将实验箱中间有 51 和 88 的跳线选到 88 的一边。运行程序后，观察数码管闪亮情况。

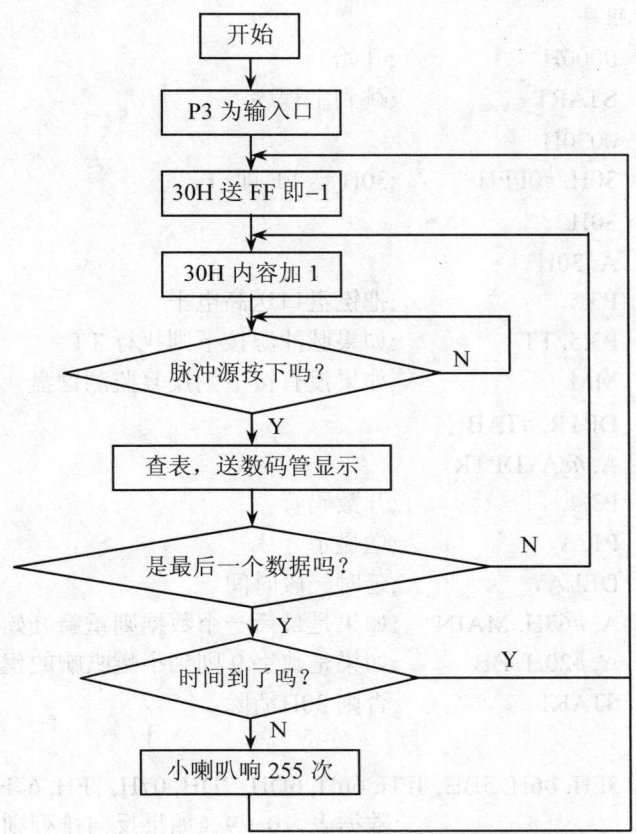

图 6.5　单片机的受控输出显示实验 2 的程序框图

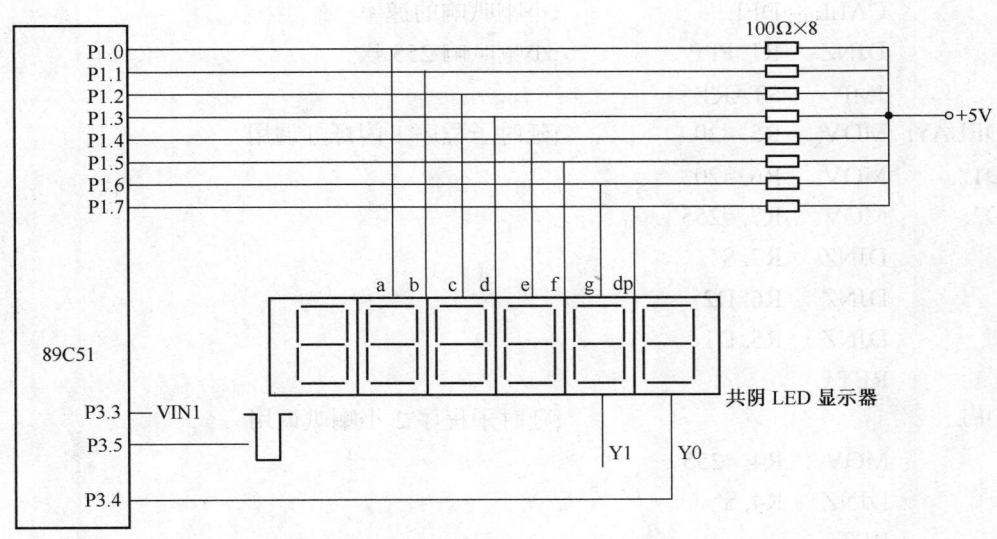

图 6.6　单片机的受控输出显示实验 2 的电路

6. 汇编语言实验程序

```
            ORG    0000H              ;开始
            JMP    START              ;跳到主程序
            ORG    0030H
START:      MOV    30H, #0FFH         ;30H 送 FF 即-1
MAIN:       INC    30H
            MOV    A, 30H
            SETB   P3.5               ;把键盘口送高电平
MM:         JNB    P3.5, TT           ;如果脉冲源按下则执行 TT
            LJMP   MM                 ;如果没有按下则反复监测键盘
TT:         MOV    DPTR, #TAB
            MOVC   A, @A+DPTR
            CLR    P3.4               ;开数码管
            MOV    P1, A              ;送显示
            LCALL  DELAY              ;延时一段时间
            CJNE   A, #67H, MAIN      ;如果是最后一个数据则重新开始
            CJNE   A, #20H, BB        ;如果是数字 9 则到小喇叭响的程序
            LJMP   START              ;否则 30H 清除
            RET
TAB:        DB     3FH, 06H, 5BH, 4FH, 66H, 6DH, 7DH, 07H, 7FH, 67H
                                      ;数据表，0～9（如果反向排列则为倒计数）
BB:         MOV    R1, #255           ;小喇叭响的次数
PPP:        CPL    P3.3               ;小喇叭响
            CALL   DEL                ;小喇叭响的速率
            DJNZ   R1, PPP            ;小喇叭响 255 次
            JMP    START
DELAY:      MOV    R5, #20            ;延时子程序 1 闪烁灯调用
D1:         MOV    R6, #20
D2:         MOV    R7, #255
            DJNZ   R7, $
            DJNZ   R6, D2
            DJNZ   R5, D1
            RET
DEL:                                  ;延时子程序 2 小喇叭调用
            MOV    R4, #255
            DJNZ   R4, $
            RET
            END
```

7. C 语言实验程序

```c
#include<reg51.h>     //包含51单片机寄存器定义的头文件
sbit P34=P3^4;        //将P34位定义为P3.4引脚
sbit P35=P3^5;        //将P35位定义为P3.5引脚
sbit P33=P3^3;        //将P33位定义为P3.3引脚
unsigned char keyval;
 void delay(void)
{
    unsigned char i;
      for(i=0;i<255;i++)
              ;
 }
void delay1s(void)
{
    unsigned char i,j,k;
      for(i=0;i<100;i++)
        for(j=0;j<60;j++)
          for(k=0;k<50;k++)
              ;
 }
void main(void)
{
unsigned char Y;
unsigned char i=0xff;
unsigned char code Tab[11]={0x3F,0x06,0x5B,0x4F,0x66,0x6D,0x7D,0x07,0x7F,0x67,0x3F};
  P35=1;
  while(1)
  {
   if(P35==0)              //如果按键按下
     {
        delay();
        if(P35==0)          //如果再次检测到按键按下
          i++;
          P34=0;
          P1=Tab[i];
          delay1s();
          if(i==10)         //如果i=10,重新将其置为0
           { i=0;
            for(Y=0;Y<255;Y++)
            {
              P33=~P33;
              delay();
            }
          }
        }
      }
   }
}
```

6.4 实验十八 数码管计数显示实验

1. 实验内容

P1 口接七段数码管段数据口，P3 口接七段数码管位数据口，编写程序，使数码管依次循环显示 00～99。

2. 实验电路

数码管计数显示实验电路如图 6.7 所示。

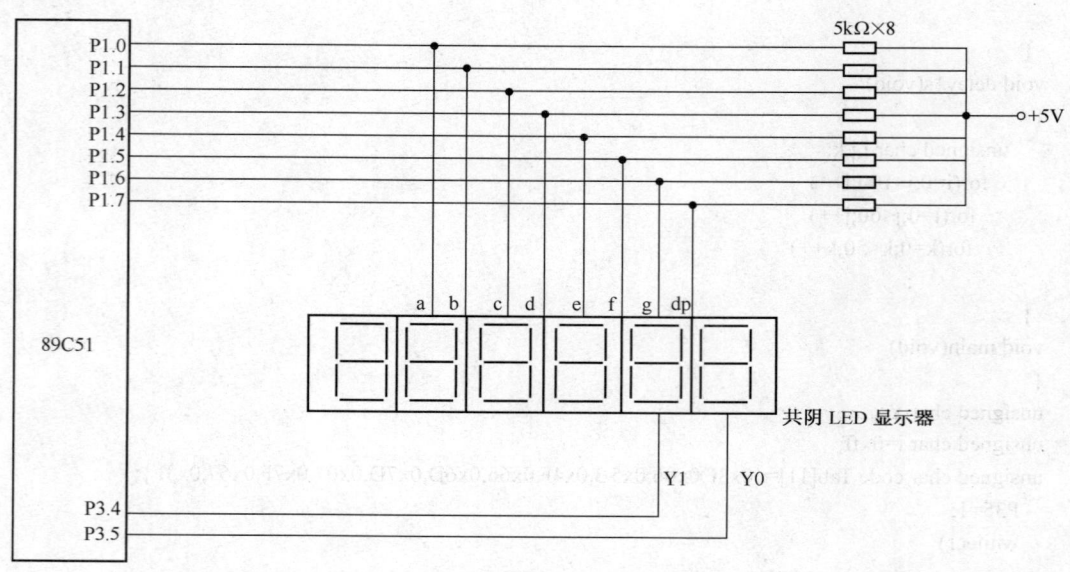

图 6.7 数码管计数显示实验电路

3. 实验步骤

将 P1.0～P1.7 口连至 LA～LH 插孔上，将 P3.5 口连至 Y0 插孔上，将 P3.4 口连至 Y1 插孔上，将实验箱中有 51 和 88 的跳线选到 88 的一边。运行程序后，观察数码管闪亮情况。

4. 汇编语言实验程序

```
        A_BIT   EQU 20H         ;个位数存放处
        B_BIT   EQU 21H         ;十位数存放处
        TEMP    EQU 22H         ;计数器寄存器
STAR:   MOV     TEMP, #0        ;初始化计数器
STLOP:  ACALL   DISPLAY
        INC     TEMP
        MOV     A, TEMP
        CJNE    A, #100, NEXT   ;=100，重来
        MOV     TEMP, #0
NEXT:   LJMP    STLOP
DISPLAY:                        ;显示子程序
```

```
            MOV     A, TEMP              ;将 TEMP 中的十六进制数转换成十进制
            MOV     B, #10
            DIV     AB
            MOV     B_BIT, A             ;十位在 A
            MOV     A_BIT, B             ;个位在 B
            MOV     DPTR, #NUMTAB        ;指定查表起始地址
            MOV     R0, #4
DPL1:       MOV     R1, #250             ;显示 1000 次
DPLOP:      MOV     A, A_BIT             ;取个位数
            MOVC    A, @A+DPTR           ;查个位数的 7 段代码
            MOV     P1, A                ;送出个位的 7 段代码
            CLR     P3.5                 ;显示个位
            ACALL   D1MS                 ;显示 1ms
            SETB    P3.5
            MOV     A, B_BIT             ;取十位数
            MOVC    A, @A+DPTR           ;查十位数的 7 段代码
            MOV     P1, A                ;送出十位的 7 段代码
            CLR     P3.4                 ;显示十位
            ACALL   D1MS                 ;显示 1ms
            SETB    P3.4
            DJNZ    R1, DPLOP            ;100 次未完成循环
            DJNZ    R0, DPL1             ;4 个 100 次未完成循环
            RET
;========================================================
                                         ;1ms 延时（按 12MHz 算）
D1MS:       MOV     R7, #80
            DJNZ    R7, $
            RET
                                         ;7 段数码管各划的数字排列表
NUMTAB: DB  3FH, 06H, 5BH, 4FH, 66H, 6DH, 7DH, 07H, 7FH, 67H
                                         ;0 1 2 3 4 5 6 7 8 9
END
```

5. C 语言实验程序

```
#include <reg51.h>
#define uchar unsigned char
#define uint unsigned int
sbit dula=P3^4;
sbit wela=P3^5;
uchar num,shi,ge;
uchar code table[]={0x3f,0x06,0x5b,0x4f,0x66,0x6d,0x7d,0x07,0x7f,0x6f};
```

```c
void delay()
{
uchar i,j;
for(i=10;i>0;i--)
for(j=80;j>0;j--);
}
uchar display(uchar shi,uchar ge)
{
shi=num/10;
ge=num%10;
wela=0;
dula=1;
P1=table[ge];
delay();
P1=0x00;
wela=1;
dula=0;
P1=table[shi];
delay();
P1=0x00;
 }
void main()
{
uchar t;
while(1)
{
for(t=0;t<200;t++)
{
display(shi,ge);
}
num++;
if(num==100)
{
num=0;
}
}
}
```

6.5 实验十九 数码管显示（散转程序）实验

1. 实验目的
（1）学习 P1 口的使用方法。
（2）掌握七段数码管显示数字的原理。
2. 实验内容
P1 口接七段数码管段数据口，P3.4 口和 P3.5 口接七段数码管位数据口，P3.3 口接脉冲源

DOWN。通电后，右边两个数码管显示 00，按下脉冲源，寄存器 R0 从 0 起递加。根据 R0 的内容，程序散转到 PR1、PR2、…、PR9 处执行，右边数码管分别循环显示 11，22，…，99，11，22，…。

3. 实验电路

数码管显示（散转程序）实验电路如图 6.8 所示。

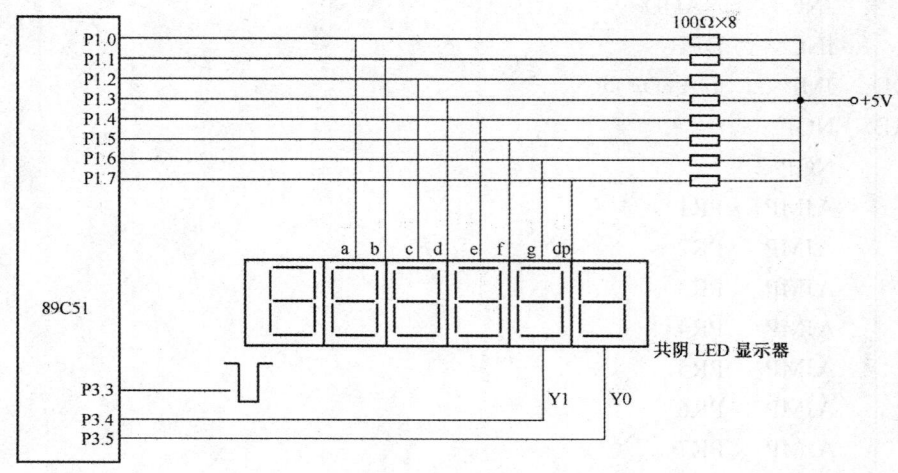

图 6.8 数码管显示（散转程序）实验电路

4. 实验步骤

将 P1.0～P1.7 口连至 LA～LH 插孔上，将 P3.3 口连至脉冲源 DOWN 插孔上，P3.4 口和 P3.5 口接七段数码管位数据口 Y1 和 Y0。将实验箱中有 51 和 88 的跳线选到 88 的一边。运行程序后，观察数码管闪亮情况。

5. 汇编语言实验程序

```
            ORG    0000H
            LJMP   MAIN
            ORG    0030H
MAIN:       MOV    P1, #3fH
            MOV    R0, #00H
ST:         MOV    P3, #0FH
            MOV    A, P3
            CJNE   A, #0FH, F1
            ACALL  DEL
            AJMP   ST
F1:         ACALL  DEL
            CJNE   A, #0FH, F2
            AJMP   ST
F2:         INC    R0
            CJNE   R0, #0AH, F3
```

```
            MOV     R0, #00H
F3:         MOV     DPTR, #JPTAB
            MOV     A, R0
            CLR     C
            RLC     A
            JNC     NADD
            INC     DPH
NADD:       JMP     @A+DPTR
JPTAB:      NOP
            NOP
            AJMP    PR1
            AJMP    PR2
            AJMP    PR3
            AJMP    PR4
            AJMP    PR5
            AJMP    PR6
            AJMP    PR7
            AJMP    PR8
            AJMP    PR9
DEL:        MOV     R7, #014H
DEL1:       MOV     R6, #0FFH
DEL2:       MOV     R5, #01FH
DEL3:       DJNZ    R5, DEL3
            DJNZ    R6, DEL2
            DJNZ    R7, DEL1
            RET
PR1:        MOV     P1, #06H
            ACALL   DEL
            AJMP    ST
PR2:        MOV     P1, #5BH
            ACALL   DEL
            AJMP    ST
PR3:        MOV     P1, #4FH
            ACALL   DEL
            AJMP    ST
PR4:        MOV     P1, #66H
            ACALL   DEL
            AJMP    ST
PR5:        MOV     P1, #6DH
```

```
              ACALL   DEL
              AJMP    ST
PR6:    MOV     P1, #7DH
              ACALL   DEL
              AJMP    ST
PR7:    MOV     P1, #07H
              ACALL   DEL
              AJMP    ST
PR8:    MOV     P1, #7FH
              ACALL   DEL
              AJMP    ST
PR9:    MOV     P1, #67H
              ACALL   DEL
              AJMP    ST
              END
```

6. C 语言实验程序

```c
#include<reg51.h>
#include<intrins.h>
#define nop() _nop_()
#define keyport P3
#define ledport P1
unsigned char code seg[]={0x3f,0x06,0x5b,0x4f,0x66, 0x6d,0x7d,0x07,0x7f,0x6f,0x77,0x7c,0x39,0x5e, 0x79,0x71};
void delayms(unsigned char ms)   //延时子程序
{
 unsigned char i;
   while(ms--)
    {
        for(i=0; i<120;i++);
    }
}
 void main(void)
 {
  unsigned char temp;
   while(1)
   {
keyport=0x0F;
nop();nop();
if(keyport!=0x0F)
 {
   delayms(150);
    if(keyport!=0x0F)
     {
temp++;
switch(temp)
  {
```

```
            case 0: P1= seg[0];break;
            case 1: P1= seg[1];break;
            case 2: P1= seg[2];break;
            case 3: P1= seg[3];break;
            case 4: P1= seg[4];break;
            case 5: P1= seg[5];break;
            case 6: P1= seg[6];break;
            case 7: P1= seg[7];break;
            case 8: P1= seg[8];break;
            case 9: P1= seg[9];break;
            case 10:P1= seg[0]; temp=0;break;
          }
        }
      }
    }
  }
```

6.6　实验二十　6位数的计数器实验

1. 实验内容

P1口接七段数码管段数据口，P2口接七段数码管位数据口，P3.2接脉冲源DOWN。通电后，数码管显示000000，按下脉冲源，数码管分别显示1，2，…，9，10，11，…，一直到999999。

2. 实验电路

6位数的计数器实验电路如图6.9所示。

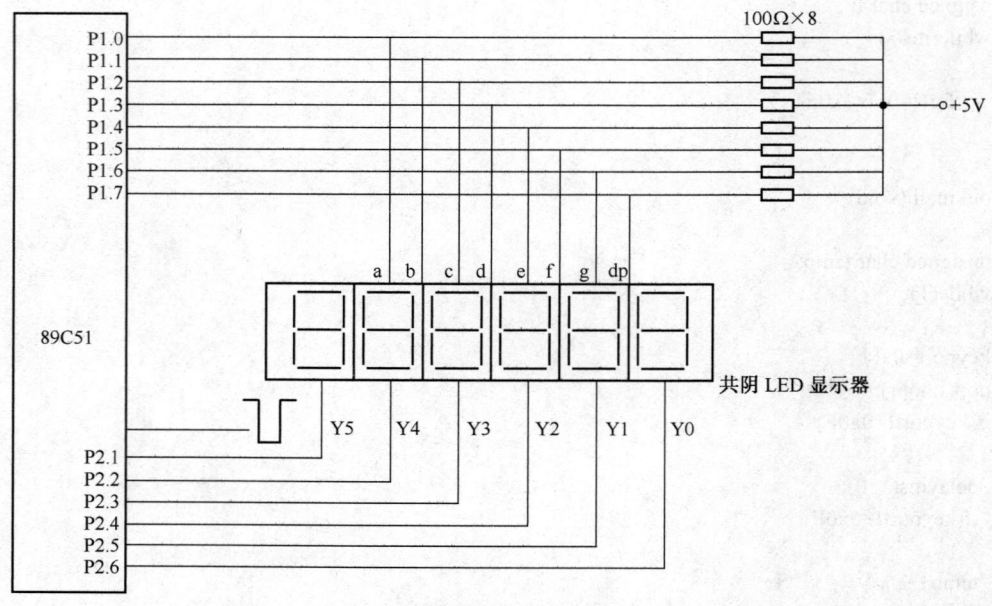

图6.9　6位数的计数器实验电路

3. 实验步骤

将 P1.0～P1.7 口连至 LA～LH 插孔上,将 P3.2 口连至脉冲源 DOWN 插孔上,P2.6 口(A14)接七段数码管位数据口 Y0,P2.5 口(A13)接七段数码管位数据口 Y1,P2.4 口(A12)接七段数码管位数据口 Y2,P2.3 口(A11)接七段数码管位数据口 Y3,P2.2 口(A10)接七段数码管位数据口 Y4,P2.1 口(A9)接七段数码管位数据口 Y5。将实验箱中有 51 和 88 的跳线选到 88 的一边。运行程序后,观察数码管闪亮情况。

4. 汇编语言实验程序

```
            A_BIT   EQU    20H         ;个位寄存器
            B_BIT   EQU    21H         ;十位寄存器
            C_BIT   EQU    22H         ;百位寄存器
            D_BIT   EQU    23H
            E_BIT   EQU    24H
            F_BIT   EQU    25H
            ORG     0000H
            AJMP    STAR
            ORG     0020H
STAR:                                   ;初始化,所有的位全部清零
            MOV     A, #00H
            MOV     A_BIT, A
            MOV     B_BIT, A
            MOV     C_BIT, A
            MOV     D_BIT, A
            MOV     E_BIT, A
            MOV     F_BIT, A
STLOP:      ACALL   DISPLAY             ;调用显示
            JB      P3.2, STLOP         ;监测键盘,如果 P3.2 口被按下,那么执行显示
WE:         ACALL   DISPLAY             ;显示保持
            ACALL   D1MS                ;延时 1ms 避免键盘误动作
            JNB     P3.2, WE            ;如果 P3.2 口还没有被放开则继续延时
COUNT:                                  ;计算数据部分
            INC     A_BIT               ;个位加 1
            MOV     A, A_BIT
            CJNE    A, #10, STLOP       ;如果在 10 以内则显示
            MOV     A_BIT, #00H         ;如果到了 10 则清除
            INC     B_BIT               ;十位加 1
            MOV     A, B_BIT
            CJNE    A, #10, STLOP       ;如果在 10 以内则显示
            MOV     B_BIT, #00H         ;如果到了 10 则清除
            INC     C_BIT               ;百位加 1
```

```
            MOV     A, C_BIT
            CJNE    A, #10, STLOP
            MOV     C_BIT, #00H
            INC     D_BIT
            MOV     A, D_BIT
            CJNE    A, #10, STLOP
            MOV     D_BIT, #00H
            INC     E_BIT
            MOV     A, E_BIT
            CJNE    A, #10, STLOP
            MOV     E_BIT, #00H
            INC     F_BIT
            MOV     A, F_BIT
            CJNE    A, #10, STLOP
            MOV     F_BIT, #00H
            AJMP    STLOP
DISPLAY:                                    ;显示
            MOV     DPTR, #NUMTAB           ;送数据表
            MOV     A, A_BIT                ;送个位数据
            MOVC    A, @A+DPTR              ;查表
            MOV     P1, A                   ;送 P1 口显示
            CLR     P2.6                    ;选中第一个数码管
            ACALL   D1MS                    ;显示 1ms
            SETB    P2.6                    ;关闭显示
            MOV     A, B_BIT                ;送十位数据
            MOVC    A, @A+DPTR              ;查表
            MOV     P1, A                   ;送 P1 口显示
            CLR     P2.5                    ;选中第二个数码管
            ACALL   D1MS                    ;显示 1ms
            SETB    P2.5                    ;关闭显示
            MOV     A, C_BIT
            MOVC    A, @A+DPTR
            MOV     P1, A
            CLR     P2.4
            ACALL   D1MS
            SETB    P2.4
            MOV     A, D_BIT
            MOVC    A, @A+DPTR
            MOV     P1, A
```

```
            CLR     P2.3
            ACALL   D1MS
            SETB    P2.3
            MOV     A, E_BIT
            MOVC    A, @A+DPTR
            MOV     P1, A
            CLR     P2.2
            ACALL   D1MS
            SETB    P2.2
            MOV     A, F_BIT
            MOVC    A, @A+DPTR
            MOV     P1, A
            CLR     P2.1
            ACALL   D1MS
            SETB    P2.1
            RET
D1MS:                           ;数码管延时
            MOV     R7, #2
            DJNZ    R7, $
            RET
NUMTAB:                         ;数码管代码表
            DB      3FH,06H,5BH,4FH,66H,6DH,7DH,07H,7FH,67H
            ;0 1 2 3 4 5 6 7 8 9
            END
```

5. C 语言实验程序

```c
#include <reg52.h>
#define uchar unsigned char
#define uint unsigned int
uint t1oc=20;      //20*50000μs=1s
uint count;
uchar tp[6];
sbit s1=P3^2;
unsigned char code tab[]={0x3f,0x06,0x5b,0x4f,0x66,0x6d,0x7d,0x07,0x7f,0x6f,0x77,0x7c,0x39,0x5e,0x79,0x71,0x40,0x80};
//0 1 2 3 4 5 6 7 8 9 10 11 12 13 14 15 16 17
//0 1 2 3 4 5 6 7 8 9 A B C D E F - .
unsigned char code tab_w[]={0xBF,0xDF,0xEF,0xF7,0xFB,0xFD};    //位选择代码，从右到左
void delay1ms(unsigned int count)    //延时 1ms
{
 unsigned char j;
 for(;count>0;count--)
```

```c
    for(j=0;j<120;j++);
}
void display(unsigned char num,unsigned char wei)
{
 P2=tab_w[wei];
 P1=tab[num];
 delay1ms(2);
 P1=0xff;
}
//定时器 0，50000μs、12MHz
void initTimer(void)
{
 TMOD=0x1;
 TH0=0x3c;
 TL0=0xb0;
}
//定时器 0，定时中断
void timer0(void) interrupt 1
{
 TH0=0x3c;
 TL0=0xb0;
 t1oc--;
  if(t1oc==0)
  {
  t1oc=20;      //20*50000μs=1s
  count++;
  if(count>999999)
  {
      count=0;
  }
tp[5]=count/100000;
  tp[4]=count%100000/10000;
  tp[3]=count%10000/1000;
  tp[2]=count%1000/100;
  tp[1]=count%100/10;
  tp[0]=count%10;
  }
}
void main()
{
 initTimer();
  while(1)
  {
  display(tp[0],0);
  display(tp[1],1);
  display(tp[2],2);
```

```
      display(tp[3],3);
      display(tp[4],4);
      display(tp[5],5);
      if(S1!=1)
      {
       delay1ms(10);
       if(S1!=1)
       {
          TR0=1;
          ET0=1;
          EA=1;
       }
      }
     }
    }
```

6.7 实验二十一　电子音响实验1（救护车声报警）

1. 实验目的

了解使实验系统发出不同音调声音的编程方法。

2. 实验内容

这个实验演示了小喇叭发出救护车声音的实例，可以听到喇叭里发出一长一短的报警声音。送出的端口是 P1.7，它输出 1kHz 或 2kHz 的变频信号报警，每一秒交换一次。

3. 实验预备知识

声音是由振动产生的，每个音符都对应了一个频率，如表 6.2 所示。利用定时器/计数器 T0 工作在 16 位定时方式，通过改变 TH0 和 TL0 的值，就可以产生不同频率的脉冲，例如想产生 523Hz（音符 1 的发音）的脉冲，其周期为 1/523=1912μs，因此只要让 T0 定时 956μs 后，使 P1.0 取反，就可以在 P1.0 引脚上输出一个频率为 523Hz 的脉冲。若晶振的频率为 6MHz，则计数值为 956/2=478，而计数器的初值为 65536-478=65058=0FE22H，即 TH0=0FEH，TL0=22H。这样每个音符都对应了一个 T 值，6M 晶振时各音符的 T 值如表 6.2 所示。

表 6.2　音符频率以及 6M 晶振时对应的 T 值表

音符	频率	T 值	音符	频率	T 值
1	262	64582	1	523	65058
2	294	64685	2	578	65110
3	330	64778	3	659	65156
4	349	64819	4	698	65178
5	392	64898	5	784	65217
6	440	64968	6	880	65252
7	494	65030	7	988	65283

实验需要考虑的另一方面是每个音符的发音长度，各调节拍与时间的设定如表 6.3 所示。

表 6.3 曲调值与节拍延时时间关系表

曲调值	1/4 拍时间（ms）	1/8 拍时间（ms）
4/4	125	62
3/4	187	94
2/4	250	125

4. 程序框图

电子音响实验 1 程序框图如图 6.10 所示。

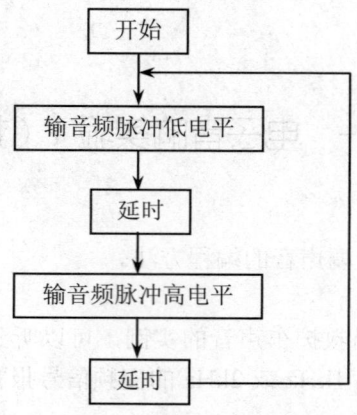

图 6.10 电子音响实验 1 程序框图

5. 实验电路

电子音响实验 1 电路如图 6.11 所示。

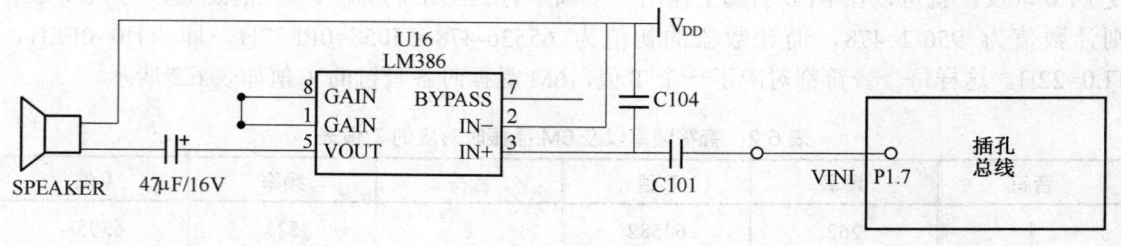

图 6.11 电子音响实验 1 电路

6. 实验步骤

（1）把程序导入实验系统中。

（2）把 P1.7 口用导线连至"音响与合成"框 LM386 的 VINI 插孔上。

（3）执行程序，使小喇叭发出救护车的声音。

7. 汇编语言实验程序

```
ORG    0000H
```

```
DLV:     MOV    R2, #08H          ;1kHz 声音的持续时间
DLV1:    MOV    R3, #0FAH
DLV2:    CPL    P1.7              ;输出 1kHz 方波
         LCALL  D5MS              ;调用延时程序 1
         DJNZ   R3, DLV2          ;持续 1 秒
         DJNZ   R2, DLV1
         MOV    R2, #10H          ;2kHz 声音的持续时间
DLV3:    MOV    R3, #0FAH
DLV4:    CPL    P1.7              ;输出 2kHz 方波
         LCALL  D25MS             ;调用延时程序 2
         DJNZ   R3, DLV4
         DJNZ   R2, DLV3
         SJMP   DLV               ;反复循环
D5MS:    MOV    R7, #0FFH         ;延时子程序 1
LOOP:    NOP
         NOP
         DJNZ   R7, LOOP
         RET
D25MS:   MOV    R6, #0FFH         ;延时子程序 2
LIN:     DJNZ   R6, LIN
         RET
         END
```

8. C 语言实验程序

```c
#include<reg51.h>
#define uchar unsigned char
#define uint unsigned int
sbit BUZZER=P1^7;            //定义 P1.7 为喇叭驱动端
void delay_500us(void)       //500us 延迟函数，用于产生 1kHz 信号
{
    unsigned char a,b;
    for(b=71;b>0;b--)
        for(a=2;a>0;a--);
}
void delay_250us(void)       //250μs 延迟函数，用于产生 2kHz 信号
{
    unsigned char a,b;
    for(b=19;b>0;b--)
        for(a=5;a>0;a--);
}
main()                       //主函数
{
    uint i=0;                //定义一变量，用于控制喇叭响的时间
```

```c
while(1)
{
 while(i<=2000)              //1kHz 响 1s
 {
  delay_500us();             //延迟 500μs
  BUZZER=~BUZZER;            //喇叭驱动位取反
  i++;                       //取反次数加 1
 }
 i=0;                        //清零时间控制变量
 while(i<=4000)              //2kHz 响 1s
 {
  delay_250us();             //延迟 250μs
  BUZZER=~BUZZER;            //喇叭驱动位取反
  i++;                       //取反次数加 1
 }
 i=0;                        //清零时间控制变量
}
}
```

6.8　实验二十二　电子音响实验2（喇叭爬音演奏）

1. 实验目的
了解使实验系统发出不同音调声音的编程方法。
2. 实验内容
小喇叭的爬音演奏，即 do，rui，mi，fa，so，la，xi，do。
3. 实验电路
电子音响实验 2 电路如图 6.12 所示。

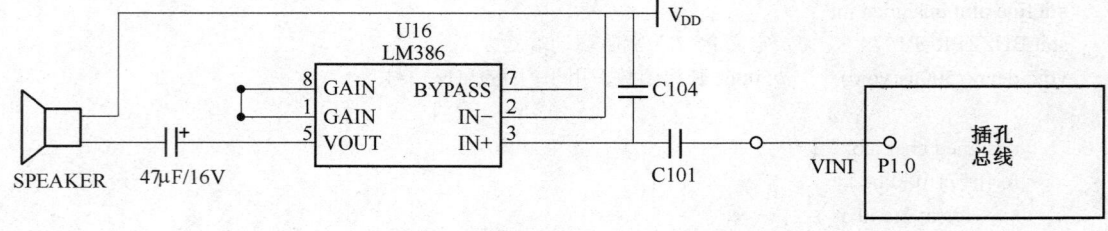

图 6.12　电子音响实验 2 电路

4. 实验步骤
（1）将程序送到实验系统上。
（2）将 P1.0 口连至"音响与合成"框 LM386 的 VINI 插孔上。
（3）执行程序，小喇叭爬音演奏，即 do，rui，mi，fa，so，la，xi，do。
5. 汇编语言实验程序
```
        ORG    0000H
        AJMP   MAIN
```

```
           ORG     000BH
           AJMP    TIM0
           ORG     0030H              ;30H=步进值，21H 低 8 位，22H 高 8 位
MAIN:                                 ;主程序
           MOV     TMOD, #01H         ;设定时方式
           MOV     IE, #82H           ;调入中断
START0:
           MOV     30H, #00H
NEXT:      MOV     A, 30H
           JNZ     SING               ;根据音调决定是否演奏
           CLR     TR0
           AJMP    D1
SING:      DEC     A
           MOV     22H, A             ;将音调存入 22H
           RL      A
           MOV     DPTR, #TABLE1
           MOVC    A, @A+DPTR         ;根据音调决定定时器初值
           MOV     TH0, A             ;送 TH0
           MOV     21H, A
           MOV     A, 22H
           RL      A
           INC     A
           MOVC    A, @A+DPTR
           MOV     TL0, A             ;送 TL0
           MOV     20H, A
           JZ      END0               ;如果到了 00 则停止发音
           SETB    TR0                ;启动定时
D1:        CALL    DELAY
           INC     30H                ;取下一个码
           AJMP    NEXT
END0:      CLR     TR0
           AJMP    START0             ;重新开始
TIM0:                                 ;定时器中断服务程序
           PUSH    ACC
           PUSH    PSW
           MOV     TL0, 20H           ;重赋初值
           MOV     TH0, 21H
           CPL     P1.0
           POP     PSW
```

```
                POP     ACC
                RETI
DELAY:          MOV     R7, #03H            ;延时子程序,决定每个音的时间
D2:             MOV     R4, #187
D3:             MOV     R3, #248
                DJNZ    R3, $
                DJNZ    R4, D3
                DJNZ    R7, D2
                RET
TABLE1:                                     ;决定音调的定时初值
                DW      64260, 64400, 64524, 64580, 64684, 64777, 64820, 64898
                DW      64968, 65030, 65058, 65110, 65157, 65178, 65217, 00
                END
```

6. C语言实验程序

```c
#include<reg52.h>
sbit sound=P1^0;
unsigned int C;
unsigned int code f[]={220,233,246,261,277,293,311,329,349,369,391,415,440,466,493,523,0xff};
unsigned char code rhythm[]={2,2,2,2,2,2,2,2,2,2,2,2,2,2,2,2};
void delay()
{
  unsigned char g,h;
    for(g=0;g<150;g++)
      for(h=0;h<150;h++);
}
void main()
{
unsigned char i,j;
EA=1;
ET0=1;
TMOD=0x01;
while(f[i]!=0xff)
{
C=500000/f[i];
TH0=(65536-C)/256;
TL0=(65536-C)%256;
TR0=1;
for(j=0;j<rhythm[i];j++)
{
delay();
}
TR0=0;
i++;
}
```

```
  TR0=0;
  sound=0;
}
void Tim() interrupt 1
{
sound=~sound;
TH0=(65536-C)/256;
TL0=(65536-C)%256;
TR0=1;
}
```

6.9　实验二十三　电子音响实验3（歌曲演奏）

1. 实验目的

了解使实验系统发出不同音调声音的编程方法。

2. 实验内容

利用定时器产生不同频率的方法，组成乐谱，由单片机进行信息处理，经过放大后利用8032的P1.7口输出歌曲。

3. 实验电路

电子音响实验3电路如图6.13所示。

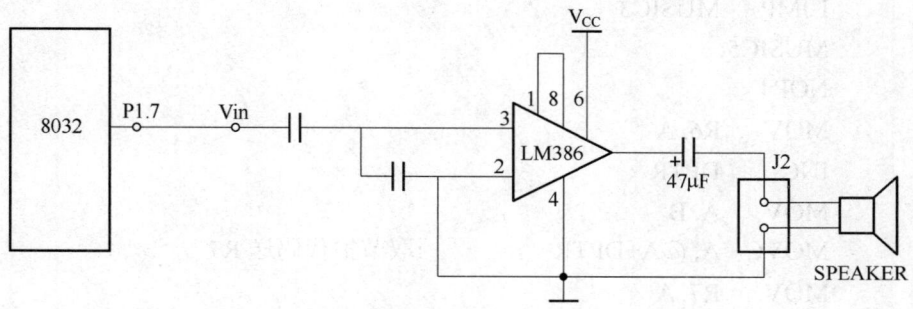

图6.13　电子音响实验3电路

4. 实验步骤

（1）将程序送到实验系统上。

（2）将P1.7口连至"音响与合成"框LM386的VINI插孔上。

（3）执行程序，放出《八月桂花香》和《世上只有妈妈好》等歌曲。

5. 汇编语言实验程序

```
        ORG    0000H
        LJMP   START
        ORG    000BH
        INC    20H              ;中断服务，中断计数器加1
        MOV    TH0, #0D8H
```

```
            MOV    TL0, #0EFH              ;12M 晶振，形成 10ms 中断
            RETI
START:
            MOV    SP, #50H
            MOV    TH0, #0D8H
            MOV    TL0, #0EFH
            MOV    TMOD, #01H
            MOV    IE, #82H
MUSIC0:
            NOP
            MOV    DPTR, #DAT              ;表头地址送 DPTR
            MOV    20H, #00H               ;中断计数器清零
            MOV    B, #00H                 ;表序号清零
MUSIC1:
            NOP
            CLR    A
            MOVC   A, @A+DPTR              ;查表取代码
            JZ     END0                    ;若是 00H，则结束
            CJNE   A, #0FFH, MUSIC5
            LJMP   MUSIC3
MUSIC5:
            NOP
            MOV    R6, A
            INC    DPTR
            MOV    A, B
            MOVC   A, @A+DPTR              ;取节拍代码送 R7
            MOV    R7, A
            SETB   TR0                     ;启动计数
MUSIC2:
            NOP
            CPL    P1.7
            MOV    A, R6
            MOV    R3, A
            LCALL  DEL
            MOV    A, R7
            CJNE   A, 20H, MUSIC2          ;中断计数器（20H）是否=R7
                                           ;不等于，则继续循环
            MOV    20H, #00H               ;等于，则取下一代码
            INC    DPTR
```

```asm
           LJMP    MUSIC1
MUSIC3:
           NOP
           CLR     TR0                  ;休止 100ms
           MOV     R2, #0DH
MUSIC4:    NOP
           MOV     R3, #0FFH
           LCALL   DEL
           DJNZ    R2, MUSIC4
           INC     DPTR
           LJMP    MUSIC1
END0:      NOP
           MOV     R2, #64H             ;歌曲结束，延时 1s 后继续
MUSIC6:    MOV     R3, #00H
           LCALL   DEL
           DJNZ    R2, MUSIC6
           LJMP    MUSIC0
DEL:       NOP
DEL3:      MOV     R4, #02H
DEL4:      NOP
           DJNZ    R4, DEL4
           NOP
           DJNZ    R3, DEL3
           RET
           NOP
DAT:   DB 18H,30H,1CH,10H,20H,40H,1CH,10H,18H,10H,20H,10H,1CH,10H,18H,40H
       DB 1CH,20H,20H,20H,1CH,20H,18H,20H,20H,80H,0FFH,20H,30H,1CH,10H,18H
       DB 20H,15H,20H,1CH,20H,20H,20H,26H,40H,20H,20H,2BH,20H,26H,20H,20H
       DB 20H,30H,80H,0FFH,20H,20H,1CH,10H,18H,10H,20H,20H,26H,20H,2BH,20H
       DB 30H,20H,2BH,40H,20H,20H,1CH,10H,18H,10H,20H,20H,26H,20H,2BH,20H
       DB 30H,20H,2BH,40H,20H,30H,1CH,10H,18H,20H,15H,20H,1CH,20H,20H,20H
       DB 26H,40H,20H,20H,2BH,20H,26H,20H,20H,20H,30H,80H,20H,30H,1CH,10H
       DB 20H,10H,1CH,10H,20H,20H,26H,20H,2BH,20H,30H,20H,2BH,40H,20H,15H
       DB 1FH,05H,20H,10H,1CH,10H,20H,20H,26H,20H,2BH,20H,30H,20H,2BH,40H
       DB 20H,30H,1CH,10H,18H,20H,15H,20H,1CH,20H,20H,20H,26H,40H,20H,20H
       DB 2BH,20H,26H,20H,20H,20H,30H,30H,20H,30H,1CH,10H,18H,40H,1CH,20H
       DB 20H,20H,26H,40H,13H,60H,18H,20H,15H,40H,13H,40H,18H,80H,00H
       END
```

6. C 语言实验程序

```c
#include <reg51.h>
sbit speaker=P1^7;        //接音频放大电路
sbit sw=P3^4;             //sw 合上后，开始放音乐，灯闪动，sw 断开，音乐停止，灯停止闪动
unsigned char timer0h,timer0l,time,led=1,j=0;
unsigned char flagd=0;
//世上只有妈妈好数据表
code unsigned char sszymmh[]={ 6,2,3, 5,2,1, 3,2,2, 5,2,2, 1,3,2, 6,2,1, 5,2,1, 6,2,4, 3,2,2, 5,2,1, 6,2,1, 5,2,2,
3,2,2, 1,2,1, 6,1,1, 5,2,1, 3,2,1, 2,2,4, 2,2,3, 3,2,1, 5,2,2, 5,2,1, 6,2,1, 3,2,2, 2,2,2, 1,2,4, 5,2,3, 3,2,1, 2,2,1, 1,2,1, 6,1,1,
1,2,1, 5,1,6, 0,0,0 };
// 音阶频率表高八位
code unsigned char FREQH[]={0xF2,0xF3,0xF5,0xF5,0xF6,0xF7,0xF8,0xF9,0xF9,0xFA,0xFA,0xFB,0xFB,0xFC,
0xFC,0xFC,0xFD,0xFD,0xFD,0xFD,0xFE,0xFE,0xFE,0xFE,0xFE,0xFE,0xFE,0xFF};     //1,2,3,4,5,6,7,8,i
// 音阶频率表低八位
code unsigned char FREQL[]={0x42,0xC1,0x17,0xB6,0xD0,0xD1,0xB6,0x21,0xE1,0x8C,0xD8,0x68,0xE9,0x5B,
0x8F, 0xEE,0x44, 0x6B,0xB4,0xF4,0x2D,0x47,0x77,0xA2,0xB6,0xDA,0xFA,0x16};    //1,2,3,4,5,6,7,8,i
void delay(unsigned char t)
{
    unsigned char t1;
    unsigned long t2;
    for(t1=0;t1<t;t1++)
        {
        for(t2=0;t2<6000;t2++)
            {
            ;
            }
        }
    TR0=0;
}
void t0int() interrupt 1
{
    TR0=0;
    speaker=!speaker;
    TH0=timer0h;
    TL0=timer0l;
    TR0=1;
}
void song()
{
    TH0=timer0h;
    TL0=timer0l;
    TR0=1;
    delay(time);
}
void main(void)
{
```

```c
 unsigned char k,i;
TMOD=1;                    //置 CT0 定时工作方式 1
EA=1;ET0=1;//IE=0x82       //CPU 开中断，CT0 开中断
while(1)
    {
        i=0;
        time=1;
        sw=1;
        while(time)
            {
                if(sw)
                    {P1=0;i=0;continue;}
                if(j==8)
            {
            j=0;flagd=~flagd;
            if(flagd)
                {
                  led=0x80;
                }
                else
                {
                  led=1;
                }
            }
            else
            {
              P1=led;
              if(flagd)
                {
                    led=led>>1;
                }
                else
                {
                    led=led<<1;
                }
             j++;
            }
            k=sszymmh[i]+7*sszymmh[i+1]-1;
            timer0h=FREQH[k];
            timer0l=FREQL[k];
            time=sszymmh[i+2];
            i=i+3;
            song();
            }
        }
}
```

7. 说明

第一个数字是 1234567 之一，代表音符 "哆"、"来"、"咪"、"发"……
第二个数字是 0123 之一，代表低音、中音、高音、超高音。
第三个数字是半拍的个数，代表时间长度。
当三个数字都是 0，就代表乐曲数据表的结尾。

6.10 实验二十四　A/D 转换实验（发光二极管显示）

1. 实验目的

掌握 A/D 转换与单片机接口的方法；了解 A/D 芯片 0809 的转换性能及编程方法。

2. 实验内容

利用综合实验仪上的 0809 作 A/D 转换器，综合实验仪上的电位器提供模拟量输入，编写程序，将模拟量转换成数字量，通过发光二极管显示出来。

3. 实验原理

A/D 转换器的主要功能是将输入的模拟信号转换成数字信号，如电压、电流、温度等的测量都属于这种转换。本实验中采用的转换器为 ADC0809，它是一个 8 位逐次逼近型 A/D 转换器，可以对 8 个模拟量进行转换，转换时间为 100μs。其工作过程如下：首先由地址锁存信号 ALE 的上升沿将引脚 ADDA、ADDB 和 ADDC 上的信号锁存到地址寄存器内，用以选择模拟量输入通道；START 信号的下降沿启动 A/D 转换器开始工作；当转换结束时，ADC0809 使 EOC 引脚由低电平变成高电平，程序可以通过查询的方式读取转换结果，也可以通过中断方式读取结果。CLOCK 为转换时钟输入端，频率为 100kHz～1.2MHz，推荐值为 640kHz。

4. 程序框图

A/D 转换实验（并口）的程序框图如图 6.14 所示。

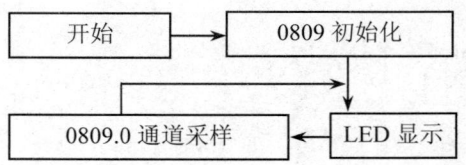

图 6.14　A/D 转换实验（并口）的程序框图

5. 实验电路

A/D 转换实验（发光二极管显示）的实验电路如图 6.15 所示。

6. 实验步骤

（1）设定仿真模式为程序空间在仿真器上，数据空间在用户板上，即单击"设置"→"仿真模式"命令，在 RAM 区选中"用户 RAM"，ROM 区选中"系统 ROM"（注：本书中的实验除另行说明外，均与此相同）。将 ADC0809 的零通道 09IN0 孔连接至模拟信号发生器的 VIN 孔，ADC0809 的片选信号 CS09 孔连接"译码器"YC2（0A000H～0AFFFH）孔，"脉冲源"中的 1MHz 孔连接 ADC0809 的 CLOCK 孔。

（2）编写程序并编译通过。本程序使用查询的方式读取转换结果。在读取转换结果的指令后设置断点，运行程序，在断点处读出 A/D 转换结果，检查数据是否与 VIN 相对应。修改程序中的错误，使显示值随 VIN 变化而变化。

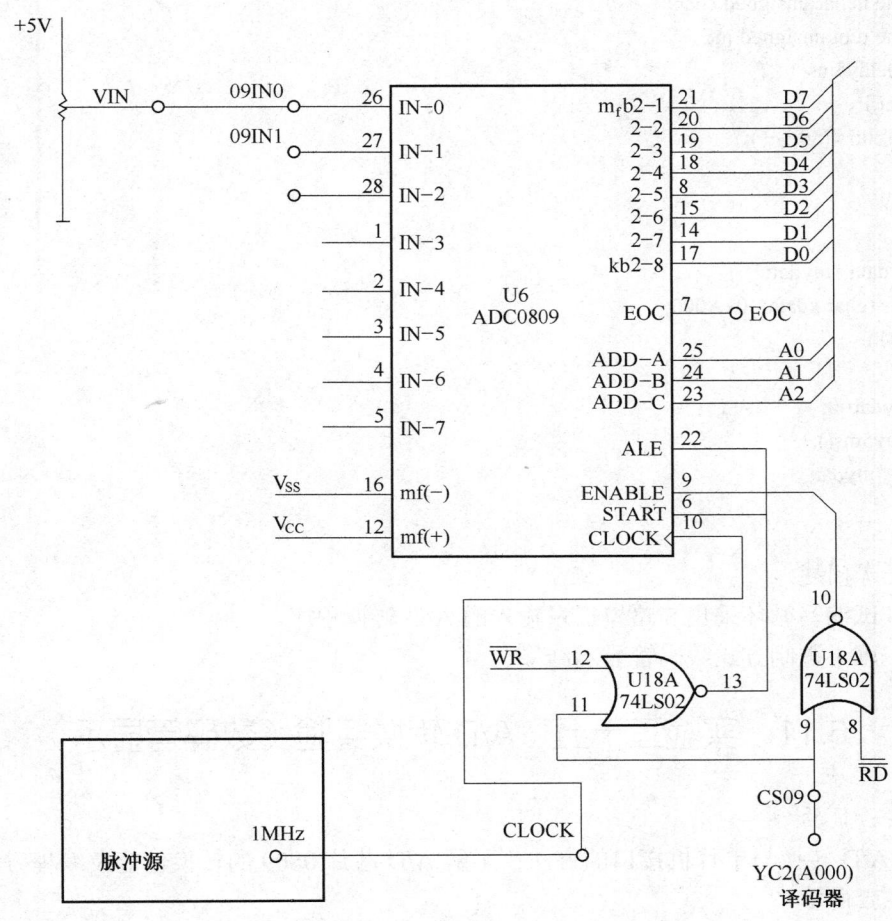

图 6.15　A/D 转换实验（发光二极管/数码管显示）的实验电路

7. 汇编语言实验程序

```
            ORG     0000H
            MOV     A, #00H
            MOV     DPTR, #0A000H      ;0809AD 的通道是否已经开始转换
LP:         MOVX    @DPTR, A
            MOV     R7, #1FH
LOOP2:      DJNZ    R7, LOOP2
            MOVX    A, @DPTR
            MOV     P1, A
            SJMP    LP
            END
```

8. C语言实验程序

```c
#include<reg52.h>
#include<absacc.h>
#define uchar unsigned char
#define uint unsigned int
void delay5ms()
{ uchar i;
  for (i=0;i<150;i++);
}
main()
{
char xdata *mydat;
mydat=(char xdata*)0xA000;
while(1)
{
  *mydat=0;
  delay5ms();
  P1=*mydat;
}
}
```

9. 思考问题

（1）试编写循环采集 8 路模拟量输入的 A/D 转换程序。

（2）以十进制方式数码管显示结果。

6.11　实验二十五　A/D 转换实验（数码管显示）

1. 实验目的

掌握 A/D 转换与单片机接口的方法；了解 A/D 芯片 0809 的转换性能及编程方法。

2. 实验内容

将模拟量转换成数字量，通过数码管显示出来。

3. 程序框图

A/D 转换实验（数码管显示）的程序框图如图 6.16 所示。

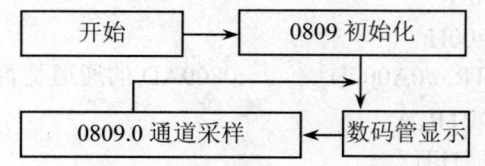

图 6.16　A/D 转换实验（数码管显示）的程序框图

4. 实验电路

A/D 转换实验（数码管显示）的实验电路如图 6.15 所示。

5. 实验步骤

（1）设定仿真模式为程序空间在仿真器上，数据空间在用户板上，即单击"设置"→"仿真模式"命令，在 RAM 区选中"用户 RAM"，ROM 区选中"系统 ROM"。将 ADC0809 的零通道 09IN0 孔连接至模拟信号发生器的 VIN 孔，ADC0809 的片选信号 CS09 孔连接"译码器"YC2（0A000H～0AFFFH）孔，"脉冲源"中的 1MHz 孔连接 ADC0809 的 CLOCK 孔。

（2）把 P1.0～P1.7 用连线连至 LALH 插孔上，把 P3.3 用连线连至 Y5 插孔上，P3.4 用连线连至 Y4 插孔上，P3.5 用连线连至 Y3 插孔上。将实验箱中间有 51 和 88 的跳线选到 88 的一边。运行程序后，观察数码管闪亮情况。

6. C 语言实验程序

```c
#include <reg51.h>
#include<absacc.h>
#define uchar unsigned char
#define uint unsigned int
sbit p34=P3^4;
sbit p35=P3^5;
sbit p33=P3^3;
uchar num,shi,ge,bai;
uchar code table[]={0x3f,0x06,0x5b,0x4f,0x66,0x6d,0x7d,0x07,0x7f,0x6f};
void delay()
{
uchar i,j;
for(i=10;i>0;i--)
for(j=80;j>0;j--);
}
uchar display()
{
bai=num/100;
shi=num%100/10;
ge=num%10;
p35=0;
p34=1;
p33=1;
P1=table[ge];
delay();
P1=0x00;
p35=1;
p34=0;
p33=1;
P1=table[shi];
delay();
P1=0x00;
p35=1;
p34=1;
p33=0;
P1=table[bai];
delay();
P1=0x00;
```

```
}
void main()
{
char xdata *mydat;
mydat=(char xdata*)0xA000;
while(1)
{
   *mydat=0;
   delay();
   num=*mydat;
display();
}
}
```

6.12　实验二十六　可编程 I/O 接口芯片 8255 实验

1. 实验目的

掌握单片机与 8255 芯片接口原理，熟悉 8255 初始化编程和输入输出软件的设计方法，了解软硬件调试技术。

2. 实验预备知识

超想-3000TC 综合实验仪具有自由实验模块。自由实验模块由 DIP40 锁紧插座及 40 个插孔组成，CPU 所有信号均以插孔方式引出，可以完成由实验者自行命题和新器件、新方案的实验，使实验方式和内容不受限制。

8255 的片选端 CS 与 8032 单片机的 P2.7 口相连。8255 的 A0 和 A1 与 8032 的 P0.0 和 P0.1 口相连。8255 三端口的地址如表 6.4 所示。

表 6.4　8255 的端口和控制寄存器地址

P2.7(CS)	P0.1 (A1)	P0.0(A0)	端口	地址
0	0	0	A	7FFCH
0	0	1	B	7FFDH
0	1	0	C	7FFEH
0	1	1	控制寄存器	7FFFH

3. 实验内容

编写一个程序将 8255 初始化，使 8255 工作于方式 0，PA 口为输入，PB 口为输出，在 PA 口上的开关量直接从 PB 口输出，并通过驱动器在发光二极管上显示出来。

4. 程序框图

可编程 I/O 接口芯片 8255 实验 1 的程序框图如图 6.17 所示。

5. 实验电路

可编程 I/O 接口芯片 8255 实验 1 的实验电路如图 6.18 所示。

6. 实验步骤

将 8255 芯片插入实验扩展区 DIP40 锁紧插座上，将数据总线 D0~D7 分别连接到实验扩展区插孔 34~27，将地址总线 A0、A1 和 A15（P2.7 口）分别连接到实验扩展区插孔 9、8 和 6，实验扩展区插孔 7 连接到地线 GND1，实验扩展区插孔 26 连接到+5V 电源，$\overline{RD}$ 和 $\overline{WR}$ 分别连接到实验扩展区插孔 5 和 36，RST 连接实验扩展区插孔 35。

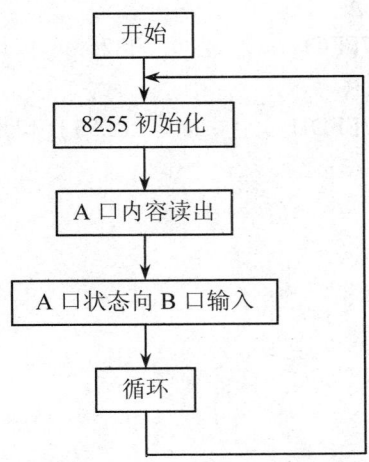

图 6.17 可编程 I/O 接口芯片 8255 实验 1 的程序框图

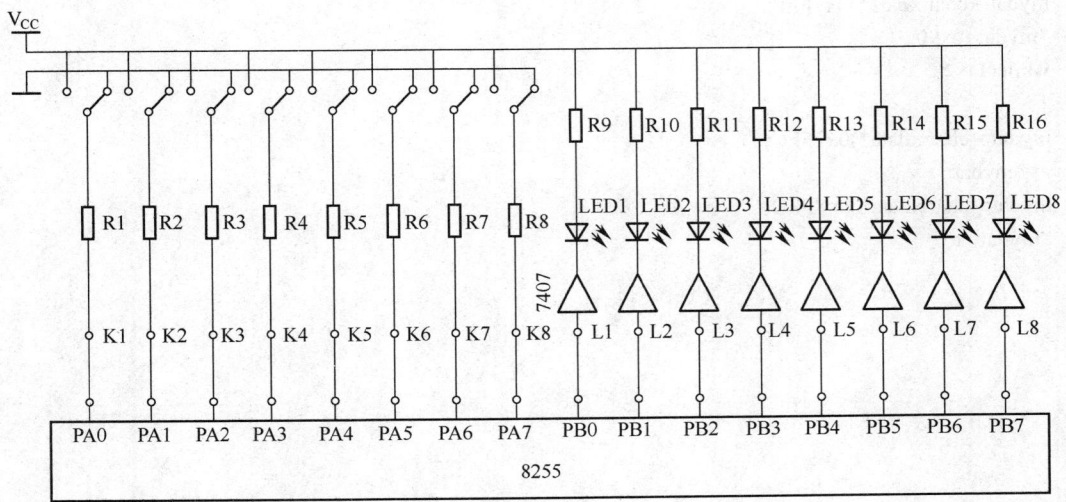

图 6.18 可编程 I/O 接口芯片 8255 实验 1 的实验电路

将 8255 的 PA 口（4、3、2、1、40、39、38、37）连接到 K1~K8，PB 口（18、19、20、21、22、23、24、25）连接到 L1~L8。将实验箱中有 51 和 88 的跳线选到 51 的一边。运行程序，拨动 K1~K8，观察 L1~L8 发光二极管是否对应点亮。

7. 汇编语言实验程序

```
        ORG     0000H
```

```
            LJMP    MAIN
            ORG     0030H
MAIN:       MOV     SP, #60H
            MOV     DPTR, #7FFFH        ;8255 控制口地址
            MOV     A, #90H             ;8255 方式字
            MOVX    @DPTR, A
IN:         MOV     DPTR, #7FFCH        ;8255 A 口地址
            MOVX    A, @DPTR
OUT:        MOV     DPTR, #7FFDH        ;8255 B 口地址
            MOVX    @DPTR, A
            LJMP    IN
            END
```

8. C 语言实验程序

```c
#include<reg52.h>
#include<absacc.h>
#define uchar unsigned char
main()
{
char xdata *mydat;
uchar x;
mydat=(char xdata*)0x7FFF;
*mydat=0x90;
while(1)
{
mydat=(char xdata*)0x7FFC;
x=*mydat;
mydat=(char xdata*)0x7FFD;
*mydat=x;
}
}
```

第 7 章　单片机串口扩展实验

7.1　实验二十七　八段数码管滚动显示实验

1. 实验目的
（1）了解数码管动态显示的原理。
（2）了解 74LS164 扩展端口的方法。
2. 实验要求
利用实验仪提供的显示电路，动态显示一行数据。8 段数码管交替显示 0～F。
3. 实验线路
显示草图如图 7.1 所示，详细原理图参见第 1 章 2.1.16 节"8155 键显模块"。

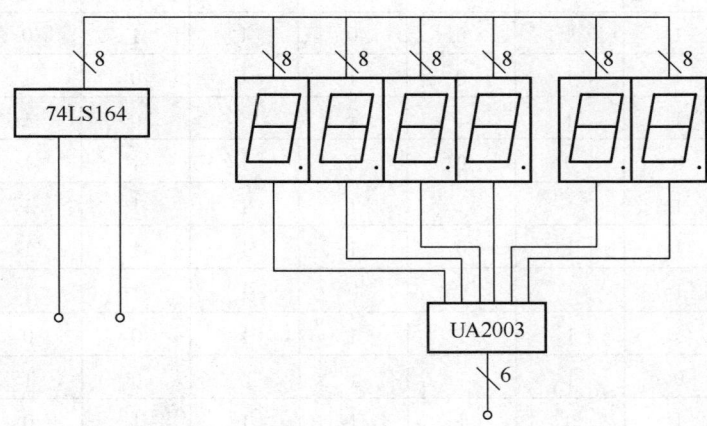

图 7.1　数码管显示草图

4. 实验说明
（1）本实验仪提供了 8 段码数码管 LED 显示电路，学生只要按地址输出相应数据，就可以实现对显示器的控制。显示共有 6 位，采用动态方式显示。8 段数码管是由 8155 的 PB0、PB1 经 74LS164"串转并"后输出得到。6 位位码由 8155 的 PA0 口输出，经 UA2003 反向驱动后，选择相应显示位。

74LS164 是串行输入并行输出转换电路，串行输入的数据位由 8155 的 PB0 控制，时钟位由 8155 的 PB1 控制输出。写程序时，只要向数据位地址输出数据，然后向时钟位地址输出一高一低两个电平就可以将数据位移到 74LS164 中，向显示位选通地址输出高电平就可以点亮相应的显示位。

本实验仪中数据位输出地址为 0e102H，时钟位输出地址为 0e102H，位选通输出地址为 0e101H。本实验涉及到了 8155 IO/RAM 扩展芯片的工作原理以及 74LS164 器件的工作原理。

（2）七段数码管的字型代码如图 7.2 所示，代码表如表 7.1 所示。

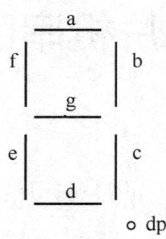

图 7.2　数码管的各段名称

表 7.1　七段数码管的字型代码表

显示字形	g	f	e	d	c	b	a	段码
0	0	1	1	1	1	1	1	3fh
1	0	0	0	0	1	1	0	06h
2	1	0	1	1	0	1	1	5bh
3	1	0	0	1	1	1	1	4fh
4	1	1	0	0	1	1	0	66h
5	1	1	0	1	1	0	1	6dh
6	1	1	1	1	1	0	1	7dh
7	0	0	0	0	1	1	1	07h
8	1	1	1	1	1	1	1	7fh
9	1	1	0	0	1	1	1	6fh
A	1	1	1	0	1	1	1	77h
B	1	1	1	1	1	0	0	7ch
C	0	1	1	1	0	0	1	39h
D	1	0	1	1	1	1	0	5eh
E	1	1	1	1	0	0	1	79h
F	1	1	1	0	0	0	1	71h

5. 程序框图

八段数码管滚动显示实验程序框图如图 7.3 所示。

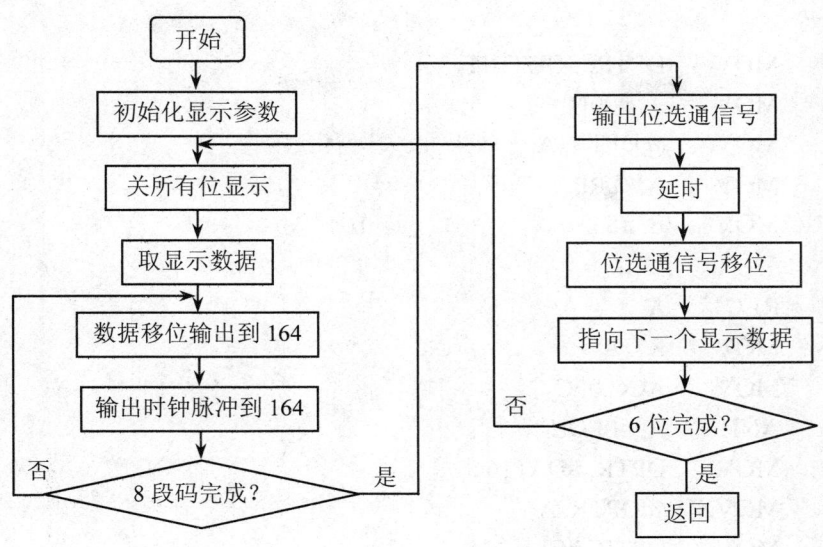

图 7.3 八段数码管滚动显示实验程序框图

6. 汇编语言实验程序

```
            OUTBIT   EQU 0E101H     ;位控制口
            CLK164   EQU 0E102H     ;段控制口（接164时钟位）
            DAT164   EQU 0E102H     ;段控制口（接164数据位）
            IN       EQU 0E103H     ;键盘读入口
            LEDBUF   EQU  60H       ;显示缓冲
            NUM      EQU  70H       ;显示的数据
            DELAYT   EQU  75H
            ORG      0000H
            LJMP     START
LEDMAP:                             ;八段管显示码
            DB  3FH, 06H, 5BH, 4FH, 66H, 6DH, 7DH, 07H
            DB  7FH, 6FH, 77H, 7CH, 39H, 5EH, 79H, 71H
DELAY:                              ;延时子程序
            MOV      R7, #0
DELAYLOOP:
            DJNZ     R7, DELAYLOOP
            DJNZ     R6, DELAYLOOP
            RET
DISPLAYLED:
            MOV      R0, #LEDBUF
            MOV      R1, #6          ;共6个八段管
            MOV      R2, #00100000B  ;从左边开始显示
```

```
LOOP:
        MOV     DPTR, #OUTBIT
        MOV     A, #00H
        MOVX    @DPTR, A            ;关所有八段管
        MOV     A, @R0
        MOV     B, #8               ;送 164
DLP:
        RLC     A
        MOV     R3, A
        MOV     ACC.0, C
        ANL     A, #0FDH
        MOV     DPTR, #DAT164
        MOVX    @DPTR, A
        MOV     DPTR, #CLK164
        ORL     A, #02H
        MOVX    @DPTR, A
        ANL     A, #0FDH
        MOVX    @DPTR, A
        MOV     A, R3
        DJNZ    B, DLP
        MOV     DPTR, #OUTBIT
        MOV     A, R2
        MOVX    @DPTR, A            ;显示一位八段管
        MOV     R6, #1
        CALL    DELAY
        MOV     A, R2               ;显示下一位
        RR      A
        MOV     R2, A
        INC     R0
        DJNZ    R1, LOOP
        MOV     DPTR, #OUTBIT
        MOV     A, #0
        MOVX    @DPTR, A            ;关所有八段管
        RET
START:  MOV     DPTR, #0E100H
        MOV     A, #03H
        MOVX    @DPTR, A
        MOV     SP, #40H
        MOV     NUM, #0
```

```
MLOOP:
            INC     NUM
            MOV     A, NUM
            MOV     B, A
            MOV     R0, #LEDBUF
FILLBUF:
            MOV     A, B
            ANL     A, #0FH
            MOV     DPTR, #LEDMAP
            MOVC    A, @A+DPTR          ;数字转换成显示码
            MOV     @R0, A              ;显示码填入显示缓冲
            INC     R0
            INC     B
            CJNE    R0, #LEDBUF+6, FILLBUF
            MOV     DELAYT, #30
DISPAGAIN:
            CALL    DISPLAYLED          ;显示
            DJNZ    DELAYT, DISPAGAIN
            LJMP    MLOOP
            END
```

7. C语言实验程序

```c
#include<absacc.h>
#define LEDLen 6
#define mode 0x03;
#define CAddr XBYTE[0xe100]     /*控制字地址*/
#define OUTBIT XBYTE[0xe101]    /*位控制口*/
#define CLK164 XBYTE[0xe102]    /*段控制口(接164时钟位)*/
#define DAT164 XBYTE[0xe102]    /*段控制口(接164数据位)*/
#define IN XBYTE[0xe103]        /*键盘读入口*/
unsigned char LEDBuf[LEDLen];   /*显示缓冲*/
code unsigned char LEDMAP[] = { /*八段管显示码*/
    0x3f, 0x06, 0x5b, 0x4f, 0x66, 0x6d, 0x7d, 0x07,
    0x7f, 0x6f, 0x77, 0x7c, 0x39, 0x5e, 0x79, 0x71
};
void Delay(unsigned char CNT)
{
    unsigned char i;
    while (CNT-- !=0)
        for (i=100; i !=0; i--);
}
void DisplayLED()
```

```c
{
    unsigned char i, j;
    unsigned char Pos;
    unsigned char LED;
    Pos = 0x20;                    /*从左边开始显示*/
    for (i = 0; i < LEDLen; i++) {
        OUTBIT = 0;                /*关所以八段管*/
        LED = LEDBuf[i];
        for (j = 0; j < 8; j++) {  /*送 164*/
            if (LED & 0x80) DAT164 = 1; else DAT164 = 0;
            CLK164 = CLK164|0x02;
            CLK164 = CLK164&0xfd;
            LED <<= 1;
        }
        OUTBIT = Pos;              /*显示一位八段管*/
        Delay(1);
        Pos >>= 1;                 /*显示下一位*/
    }
    OUTBIT = 0;                    /*关所有八段管*/
}
void main()
{
    unsigned char i = 0;
    unsigned char j;
    CAddr = mode;
    while(1) {
        LEDBuf[0] = LEDMAP[ i & 0x0f];
        LEDBuf[1] = LEDMAP[(i+1) & 0x0f];
        LEDBuf[2] = LEDMAP[(i+2) & 0x0f];
        LEDBuf[3] = LEDMAP[(i+3) & 0x0f];
        LEDBuf[4] = LEDMAP[(i+4) & 0x0f];
        LEDBuf[5] = LEDMAP[(i+5) & 0x0f];
        i++;
        for(j=0; j<30; j++)
            DisplayLED();   /*延时*/
    }
}
```

7.2　实验二十八　键盘扫描显示实验

1. 实验目的

（1）掌握键盘和显示器的接口方法和编程方法。
（2）掌握键盘扫描和 LED 八段数码管显示器的工作原理。

2. 实验要求

在上一个实验的基础上，利用实验仪提供的键盘扫描电路和显示电路，做一个扫描键盘和数码显示实验，把按键输入的键码在六位数码管上显示出来。

实验程序可分成三个模块。

（1）键输入模块：扫描键盘、读取一次键盘并将键值存入键值缓冲单元。

（2）显示模块：将显示单元的内容在显示器上动态显示。

（3）主程序：调用键输入模块和显示模块。

3. 实验电路

键盘草图如图 7.4 所示，详细原理参见第 1 章 2.1.16 节"8155 键显模块"。

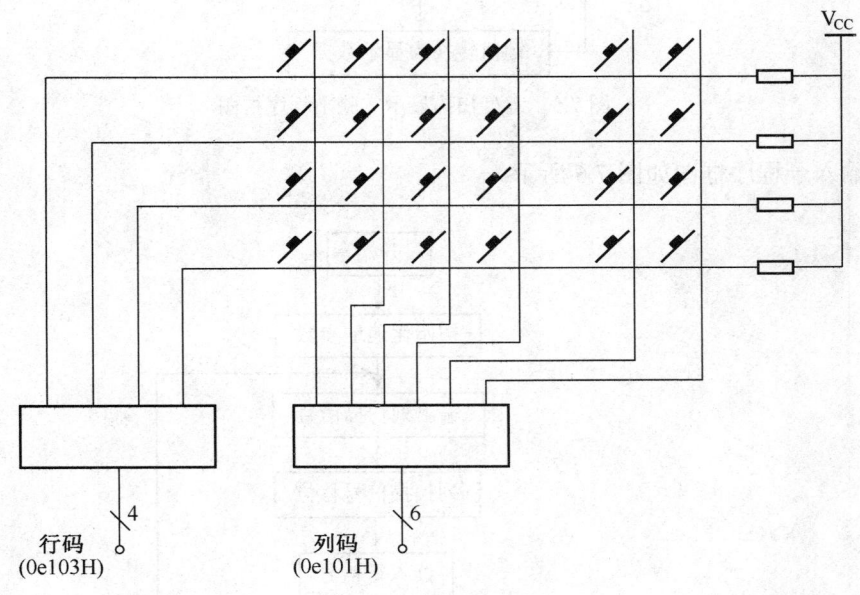

图 7.4　键盘草图

4. 实验说明

本实验仪提供了一个 6×4 的小键盘，向列扫描码地址（0e101H）逐列输出低电平，然后从行码地址（0e103H）读回，如果有键按下，则相应行的值应为低，如果无键按下，由于上拉的作用，行码为高。这样就可以通过输出的列码和读取的行码来判断按下的是什么键。在判断有键按下后，要有一定的延时，防止键盘抖动。列扫描码还可以分时用作 LED 的位选通信号。

5. 程序框图

键盘扫描显示实验主程序框图如图 7.5 所示。

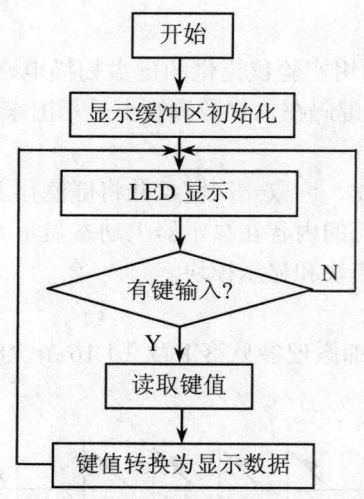

图 7.5 键盘扫描显示实验主程序框图

读键输入子程序框图如图 7.6 所示。

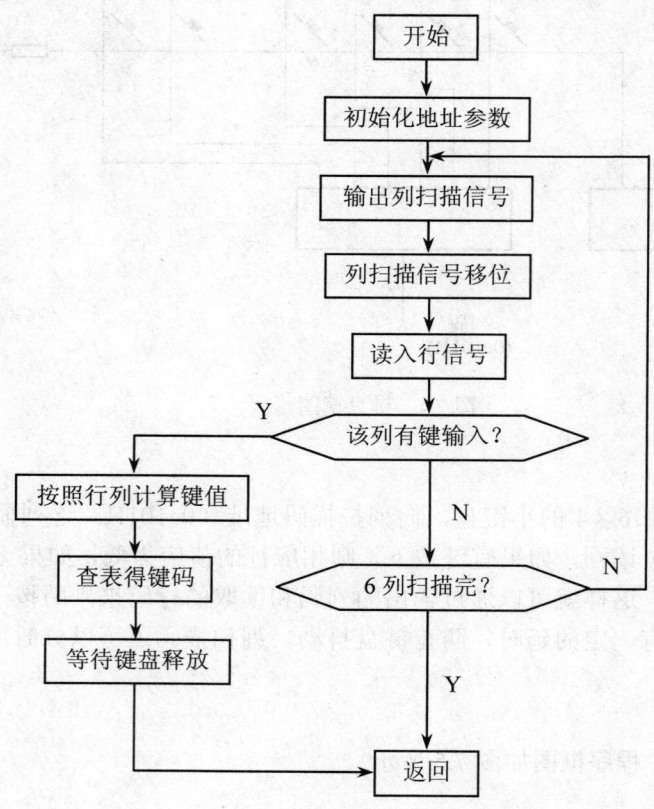

图 7.6 读键输入子程序框图

显示程序框图见实验二十七中的图 7.3。
6. 汇编语言实验程序

```
                                    ;键盘扫描实验
            OUTBIT   EQU 0E101H     ;位控制口
            CLK164   EQU 0E102H     ;段控制口（接 164 时钟位）
            DAT164   EQU 0E102H     ;段控制口（接 164 数据位）
            IN       EQU 0E103H     ;键盘读入口
            ORG      0000H
            LJMP     STAR
;================================================================
KEY1:       MOV      13H, #06H
            MOV      12H, #20H
KEY2:       MOV      A, 12H
            CPL      A
            MOV      R7, A
            MOV      DPTR, #0E101H
            MOV      A, R7
            MOVX     @DPTR, A
            MOV      A, 12H
            CLR      C
            RRC      A
            MOV      12H, A
            MOV      DPTR, #0E103H
            MOVX     A, @DPTR
            MOV      R7, A
            MOV      A, R7
            CPL      A
            MOV      R7, A
            MOV      A, R7
            ANL      A, #0FH
            MOV      14H, A
            DEC      13H
            MOV      R7, 13H
            MOV      A, R7
            JZ       KEYDIS
            MOV      A, 14H
            JZ       KEY2
KEYDIS:     MOV      A, 14H
            JZ       TESTKEY5
```

```
                MOV     A, 13H
                ADD     A, ACC
                ADD     A, ACC
                MOV     13H, A
                MOV     A, 14H
                JNB     ACC.1, TESTKEY
                INC     13H
                SJMP    TESTKEY2
;================================================
                        ;键盘扫描
TESTKEY:        MOV     A, 14H
                JNB     ACC.2, TESTKEY1
                INC     13H
                INC     13H
                SJMP    TESTKEY2
TESTKEY1:       MOV     A, 14H
                JNB     ACC.3, TESTKEY2
                MOV     A, #03H
                ADD     A, 13H
                MOV     13H, A
TESTKEY2:       MOV     DPTR, #0E101H
                CLR     A
                MOVX    @DPTR, A
TESTKEY3:       MOV     R7, #0AH
                LCALL   MLOOP
                LCALL   MLOOP4
                MOV     A, R7
                JNZ     TESTKEY3
                MOV     R7, 13H
                MOV     A, R7
                MOV     DPTR, #0134H
                MOVC    A, @A+DPTR
                MOV     R7, A
                RET
;================================================
TESTKEY4:       DB      22H
TESTKEY5:       MOV     R7, #0FFH
                RET
;================================================
```

```
GETKEY:     MOV     10H, #20H
            MOV     0EH, #00H
GETKEY1:    MOV     A, 0EH
            CLR     C
            SUBB    A, #06H
            JNC     GOON2
            MOV     DPTR, #0E101H
            CLR     A
            MOVX    @DPTR, A
            MOV     R7, 0EH
            MOV     A, #08H
            ADD     A, R7
            MOV     R0, A
            MOV     A, @R0
            MOV     R7, A
            MOV     11H, R7
            MOV     0FH, #00H
GETKEY2:    MOV     A, 0FH
            CLR     C
            SUBB    A, #08H
            JNC     GOON1
            MOV     A, 11H
            JNB     ACC.7, KLOOP
            MOV     DPTR, #0E102H
            MOV     A, #01H
            MOVX    @DPTR, A
            SJMP    KLOOP1
;==========================================================
KLOOP:      MOV     DPTR, #0E102H
            CLR     A
            MOVX    @DPTR, A
KLOOP1:     MOV     DPTR, #0E102H
            MOVX    A, @DPTR
            MOV     R7, A
            MOV     A, R7
            ORL     A, #02H
            MOV     R7, A
            MOV     A, R7
            MOVX    @DPTR, A
```

```
                MOV     DPTR, #0E102H
                MOVX    A, @DPTR
                MOV     R7, A
                MOV     A, R7
                ANL     A, #0FDH
                MOV     R7, A
                MOV     A, R7
                MOVX    @DPTR, A
                MOV     A, 11H
                ADD     A, ACC
                MOV     11H, A
                INC     0FH
                SJMP    GETKEY2
GOON1:          MOV     DPTR, #0E101H
                MOV     A, 10H
                MOVX    @DPTR, A
                MOV     R7, #01H
                LCALL   MLOOP
                MOV     A, 10H
                CLR     C
                RRC     A
                MOV     10H, A
                INC     0EH
                SJMP    GETKEY1
GOON2:          RET
;================================================
WAIT:           MOV     DPTR, #0E100H
                MOV     A, #03H
                MOVX    @DPTR, A
                MOV     08H, #0FFH
                MOV     09H, #0FFH
                MOV     0AH, #0FFH
                MOV     0BH, #0FFH
                MOV     0CH, #00H
                MOV     0DH, #00H
WAIT1:          LCALL   GETKEY
                LCALL   MLOOP4
                MOV     A, R7
                JZ      WAIT1
```

```
        LCALL   KEY1
        MOV     R6, #00H
        MOV     R6, #00H
        MOV     A, R7
        ANL     A, #0FH
        MOV     R7, A
        MOV     A, #24H
        ADD     A, R7
        MOV     DPL, A
        MOV     A, #01H
        ADDC    A, R6
        MOV     DPH, A
        CLR     A
        MOVC    A, @A+DPTR
        MOV     R7, A
        MOV     0DH, R7
        SJMP    WAIT1
        RET
;================================================================
TAB:
Q0124:  DB      3FH, 06H, 5BH, 4FH, 66H, 6DH, 7DH, 07H
Q012C:  DB      7FH, 6FH, 77H, 7CH, 39H, 5EH, 79H, 71H
Q0134:  DB      00H, 01H, 04H, 07H, 0FH, 02H, 05H, 08H
Q013C:  DB      0EH, 03H, 06H, 09H, 0DH, 0CH, 0BH, 0AH
Q0144:  DB      10H, 11H, 12H, 13H, 14H, 15H, 16H
;================================================================
MLOOP:  MOV     15H, R7
MLOOP1: MOV     R7, 15H
        DEC     15H
        MOV     A, R7
        JZ      MLOOP3
        MOV     16H, #64H
MLOOP2: MOV     A, 16H
        JZ      MLOOP1
        DEC     16H
        SJMP    MLOOP2
        SJMP    MLOOP1
MLOOP3: RET
MLOOP4: MOV     DPTR, #0E101H
        CLR     A
```

```
                MOVX    @DPTR, A
                MOV     DPTR, #0E103H
                MOVX    A, @DPTR
                MOV     R7, A
                MOV     A, R7
                CPL     A
                MOV     R7, A
                MOV     A, R7
                ANL     A, #0FH
                MOV     R7, A
                RET
STAR:           MOV     R0, #7FH
                CLR     A
STAR1:          MOV     @R0, A
                DJNZ    R0, STAR1
                MOV     SP, #16H
                LJMP    WAIT
                END
```

7. C 语言实验程序

```c
#include<absacc.h>
#define LEDLen 6
#define mode 0x03;
#define CAddr XBYTE[0xe100]      /*控制字地址*/
#define OUTBIT XBYTE[0xe101]     /*位控制口*/
#define CLK164 XBYTE[0xe102]     /*段控制口（接 164 时钟位）*/
#define DAT164 XBYTE[0xe102]     /*段控制口（接 164 数据位）*/
#define IN XBYTE[0xe103]         /*键盘读入口*/


unsigned char LEDBuf[LEDLen];    /*显示缓冲*/
code unsigned char LEDMAP[] = {  /*八段管显示码*/
   0x3f, 0x06, 0x5b, 0x4f, 0x66, 0x6d, 0x7d, 0x07,
   0x7f, 0x6f, 0x77, 0x7c, 0x39, 0x5e, 0x79, 0x71
};

void Delay(unsigned char CNT)
{
   unsigned char i;

   while (CNT-- !=0)
      for (i=100; i !=0; i--);
}

void DisplayLED()
```

```c
{
   unsigned char i, j;
   unsigned char Pos;
   unsigned char LED;

   Pos = 0x20;                    /*从左边开始显示*/
   for (i = 0; i < LEDLen; i++) {
      OUTBIT = 0;                 /*关所有八段管*/
      LED = LEDBuf[i];
      for (j = 0; j < 8; j++) {   /*送 164*/
         if (LED & 0x80) DAT164 = 1; else DAT164 = 0;
         CLK164 = CLK164|0x02;
         CLK164 = CLK164&0xfd;
         LED <<= 1;
      }
      OUTBIT = Pos;               /*显示一位八段管*/
      Delay(1);
      Pos >>= 1;                  /*显示下一位*/
   }
}

code unsigned char KeyTable[] = {     /*键码定义*/
         0x00, 0x01, 0x04, 0x07,
         0x0f, 0x02, 0x05, 0x08,
         0x0e, 0x03, 0x06, 0x09,
         0x0d, 0x0c, 0x0b, 0x0a,
         0x10, 0x11, 0x12, 0x13,
         0x14, 0x15, 0x16
};

unsigned char TestKey()
{
   OUTBIT = 0;                    /*输出线置为 0*/
   return (~IN & 0x0f);           /*读入键状态（高四位不用）*/
}

unsigned char GetKey()
{
   unsigned char Pos;
   unsigned char i;
   unsigned char k;

   i = 6;
   Pos = 0x20;        /*找出键所在列*/
   do {
      OUTBIT = ~ Pos;
      Pos >>= 1;
      k = ~IN & 0x0f;
```

```
    } while ((--i != 0) && (k == 0));

    /*键值=列×4+行*/
    if (k != 0) {
      i *= 4;
      if (k & 2)
        i += 1;
      else if (k & 4)
        i += 2;
      else if (k & 8)
        i += 3;

      OUTBIT = 0;
      do Delay(10); while (TestKey());    /*等键释放*/

      return(KeyTable[i]);                /*取出键码*/
    } else return(0xff);
}

void main()
{
    CAddr = mode;
    LEDBuf[0] = 0xff;
    LEDBuf[1] = 0xff;
    LEDBuf[2] = 0xff;
    LEDBuf[3] = 0xff;
    LEDBuf[4] = 0x00;
    LEDBuf[5] = 0x00;

    while (1) {
      DisplayLED();
      if (TestKey()) LEDBuf[5] = LEDMAP[GetKey() & 0x0f];
    }
}
```

7.3 实验二十九 脉冲计数（定时/计数器记数功能实验）

1. 实验目的
   （1）熟悉 8031 定时/计数器的计数功能。
   （2）掌握初始化编程方法。
   （3）掌握中断程序的调试方法。
2. 实验内容
   定时/计数器 0 对外部输入的脉冲进行计数，并送显示器显示。
3. 实验原理
   MCS-51 有两个 16 位的定时/计数器：T0 和 T1。计数和定时实质上都是对脉冲信号进行计数，只不过脉冲源不同而已。当工作在定时方式时，计数脉冲来自单片机的内部，每个机器周期使计数器加 1,由于计数脉冲的频率是固定的(即每个脉冲为 1 个机器周期的时间),故可通过设定计数值来实现定时功能。当工作在计数方式时,计数脉冲来自单片机的引脚,每当引脚上出现一个由 1 到 0 的电平变化时,计数器的值加 1,从而实现计数功能。可以通过编程来定时计数器的功能,以及它的工作方式。读取计数器的当前值时,应读 3 次。这样可以避免在第一次读完后,第二次读之前,由于低位溢出向高位进位时的错误。

4. 程序框图

脉冲计数程序框图如图 7.7 所示。

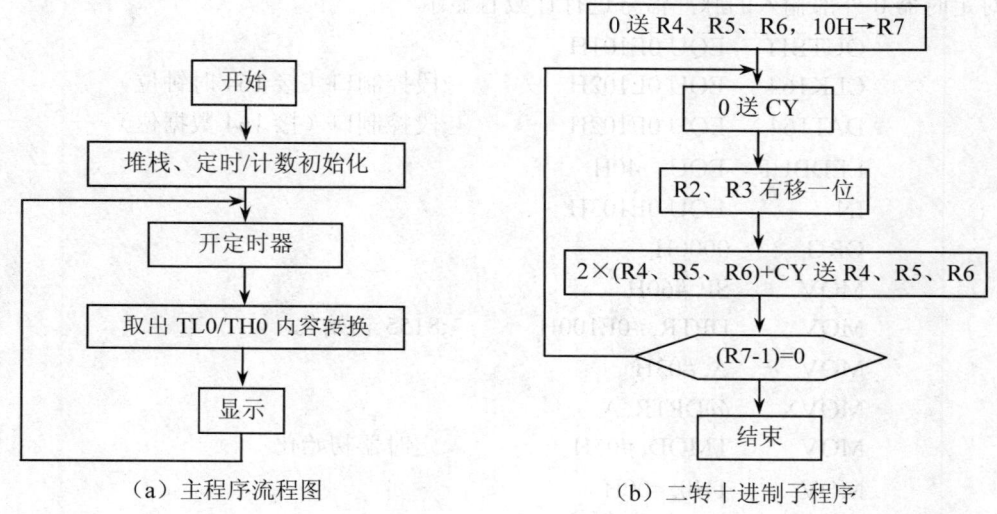

图 7.7 脉冲计数程序框图

5. 实验电路

脉冲计数实验电路如图 7.8 所示。

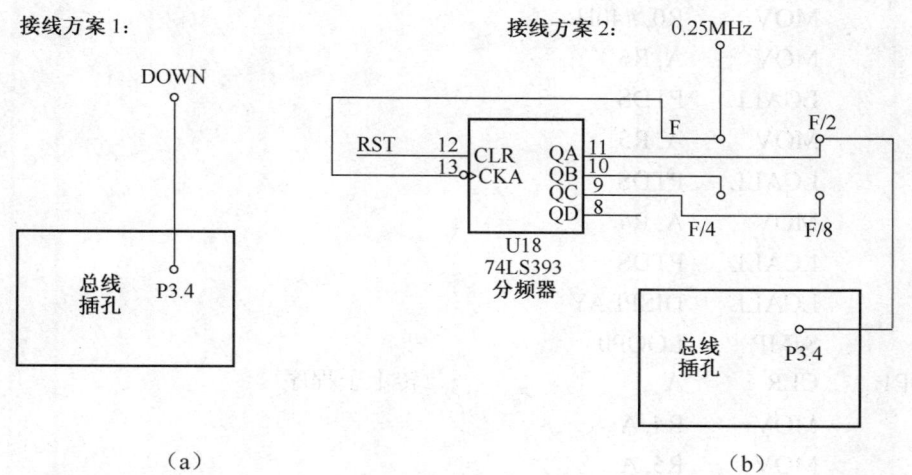

图 7.8 脉冲计数实验电路

6. 实验步骤

用导线把"系统资源区"的 P3.4 孔连"脉冲源"的 DOWN 孔，执行程序，按动 AN 锁按钮，观察数码管上计数脉冲的个数。

7. 思考问题

把 P3.4 孔分别与"脉冲源"的 2MHz、1MHz、0.5MHz 孔相连时，显示值反而比连 0.25MHz 孔更慢，为什么？当 f_{osc}=6MHz 时，能够计数的脉冲信号最高频率为多少？

8. 汇编语言实验程序

```
;对定时器0外部输入的脉冲信号进行计数且显示
            OUTBIT    EQU 0E101H
            CLK164    EQU 0E102H          ;段控制口（接164时钟位）
            DAT164    EQU 0E102H          ;段控制口（接164数据位）
            LEDBUF    EQU  40H
            IN        EQU 0E103H
            ORG       0000H
            MOV       SP, #60H
            MOV       DPTR, #0E100H       ;8155初始化
            MOV       A, #03H
            MOVX      @DPTR, A
            MOV       TMOD, #05H          ;定时器初始化
            MOV       TH0, #00H
            MOV       TL0, #00H
            SETB      TR0
LOOP0:      MOV       R2, TH0
            MOV       R3, TL0
            LCALL     LOOP1
            MOV       R0, #40H
            MOV       A, R6
            LCALL     PTDS
            MOV       A, R5
            LCALL     PTDS
            MOV       A, R4
            LCALL     PTDS
            LCALL     DISPLAY
            SJMP      LOOP0
LOOP1:      CLR       A                   ;二转十子程序
            MOV       R4, A
            MOV       R5, A
            MOV       R6, A
            MOV       R7, #10H
```

```
LOOP2:      CLR     C
            MOV     A, R3
            RLC     A
            MOV     R3, A
            MOV     A, R2
            RLC     A
            MOV     R2, A
            MOV     A, R6
            ADDC    A, R6
            DA      A
            MOV     R6, A
            MOV     A, R5
            ADDC    A, R5
            DA      A
            MOV     R5, A
            MOV     A, R4
            ADDC    A, R4
            DA      A
            MOV     R4, A
            DJNZ    R7, LOOP2
            RET
PTDS:       MOV     R1, A               ;拆字子程序
            ACALL   PTDS1
            MOV     A, R1
            SWAP    A
PTDS1:      ANL     A, #0FH
            MOV     @R0, A
            INC     R0
            RET
DELAY:      MOV     R7, #0              ;延时子程序
DELAYLOOP:
            DJNZ    R7, DELAYLOOP
            DJNZ    R6, DELAYLOOP
            RET
DISPLAY:    SETB    0D3H
            MOV     R0, #LEDBUF
            MOV     R1, #6              ;共6个八段管
            MOV     R2, #00000001B      ;从左边开始显示
LOOP:       MOV     DPTR, #OUTBIT
```

```
              MOV     A, #00H
              MOVX    @DPTR, A        ;关所有八段管
              MOV     A, @R0
              MOV     DPTR, #LEDMAP
              MOVC    A, @A+DPTR
              MOV     B, #8           ;送 164
       DLP:   RLC     A
              MOV     R3, A
              MOV     ACC.0, C
              ANL     A, #0FDH
              MOV     DPTR, #DAT164
              MOVX    @DPTR, A
              MOV     DPTR, #CLK164
              ORL     A, #02H
              MOVX    @DPTR, A
              ANL     A, #0FDH
              MOVX    @DPTR, A
              MOV     A, R3
              DJNZ    B, DLP
              MOV     DPTR, #OUTBIT
              MOV     A, R2
              MOVX    @DPTR, A        ;显示一位八段管
              MOV     R6, #1
              CALL    DELAY
              MOV     A, R2           ;显示下一位
              RL      A
              MOV     R2, A
              INC     R0
              DJNZ    R1, LOOP
              MOV     DPTR, #OUTBIT
              MOV     A, #0
              MOVX    @DPTR, A        ;关所有八段管
              CLR     0D3H
              RET
    LEDMAP:                           ;八段管显示码
              DB  3FH, 06H, 5BH, 4FH, 66H, 6DH, 7DH, 07H
              DB  7FH, 6FH, 77H, 7CH, 39H, 5EH, 79H, 71H
              END
```

9. C 语言实验程序

```c
#include <reg51.h>
#include <absacc.h>
#define LEDLen 6
#define mode 0x03
#define CAddr XBYTE[0xe100]        /*控制字地址*/
#define OUTBIT XBYTE[0xe101]       /*位控制口*/
#define CLK164 XBYTE[0xe102]       /*段控制口（接164时钟位）*/
#define DAT164 XBYTE[0xe102]       /*段控制口（接164数据位）*/
#define IN XBYTE[0xe103]           /*键盘读入口*/

unsigned char LEDBuf[LEDLen];      /*显示缓冲*/
code unsigned char LEDMAP[] = {    /*八段管显示码*/
   0x3f, 0x06, 0x5b, 0x4f, 0x66, 0x6d, 0x7d, 0x07,
   0x7f, 0x6f, 0x77, 0x7c, 0x39, 0x5e, 0x79, 0x71
};

void Delay(unsigned char CNT)
{
   unsigned char i;
   while (CNT-- !=0)
      for (i=100; i !=0; i--);
}

void DisplayLED()
{
   unsigned char i, j;
   unsigned char Pos;
   unsigned char LED;
   Pos = 0x20;                     /*从左边开始显示*/
   for (i = 0; i < LEDLen; i++) {
      OUTBIT = 0;                  /*关所有八段管*/
      LED = LEDBuf[i];
      for (j = 0; j < 8; j++) {    /*送164*/
         if (LED & 0x80) DAT164 = 1; else DAT164 = 0;
         CLK164 = CLK164|0x02;
         CLK164 = CLK164&0xfd;
         LED <<= 1;
      }
      OUTBIT = Pos;                /*显示一位八段管*/
      Delay(1);
      Pos >>= 1;                   /*显示下一位*/
   }
   OUTBIT = 0;                     /*关所有八段管*/
}
```

```c
void main()
{
    unsigned char i = 0,j;
    long int n;
        CAddr = mode;
        TMOD = 0X05;
        TH0 = 0;
        TL0 = 0;
        TR0 = 1;
        while(1){
        n=TH0*256+TL0;
        for(j=0;j<6;j++)
            {
                LEDBuf[5-j]=LEDMAP[n%10];
                n=n/10;
            }

            DisplayLED();          /*延时*/
            }
}
```

7.4　实验三十　DA0832 转换实验

1. 实验目的

了解 D/A 转换与单片机的接口方法；了解 D/A 转换芯片 DA0832 的性能及编程方法。

2. 实验内容

利用 0832 输出一个从 0V 开始逐渐升至 5V 再降至 0V 的三角波电压，数码管显示数字量值。

3. 实验电路

DA0832 转换实验电路如图 7.9 所示。

4. 程序框图

DA0832 转换实验程序框图如图 7.10 所示。

5. 实验原理

D/A 转换器的功能主要是将输入的数字量转换成模拟量输出，在语音合成等方面得到了广泛的应用。本实验中采用的转换器为 DA0832，该芯片为电流输出型 8 位 D/A 转换器，输入设有两级缓冲锁存器，因此可同时输出多路模拟量。本实验中采用单级缓冲连接方式，用 0832 来产生三角波，具体线路如图 7.9 所示。Vref 引脚的电压极性和大小决定了输出电压的极性与幅度，超想-3000TC 综合实验仪上的 DA0832 的第 8 引脚（VREF）的电压已接为-5V，所以输出电压值的幅度为 0～5V。

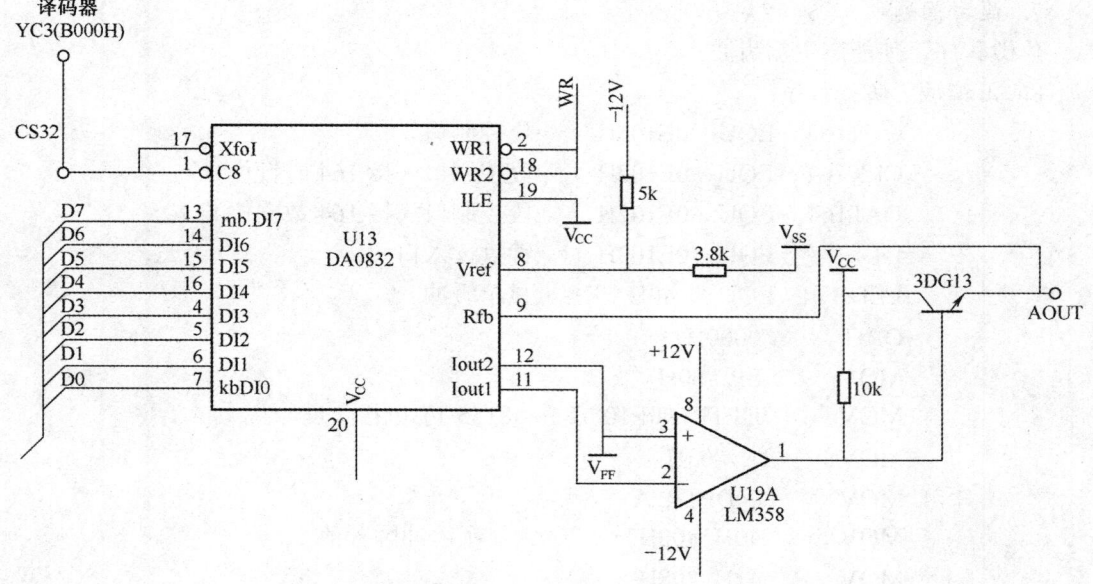

图 7.9 DA0832 转换实验电路

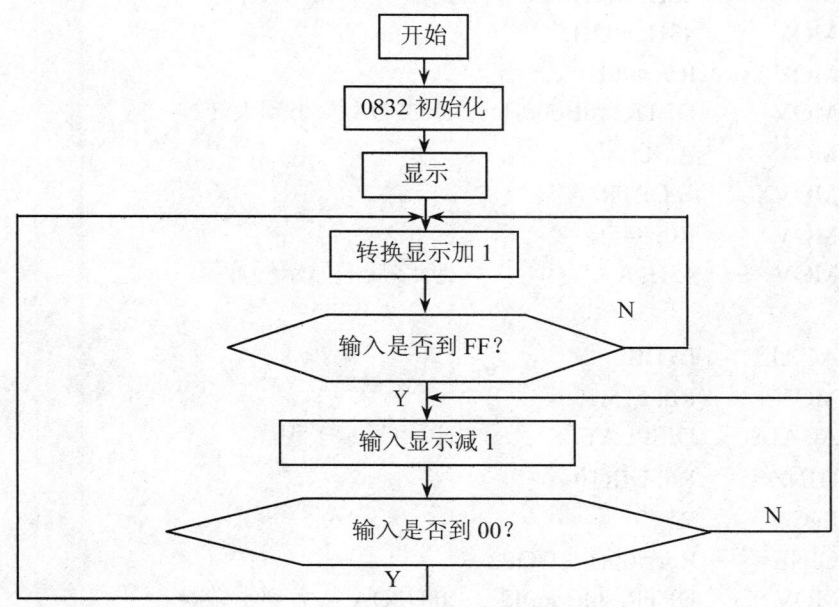

图 7.10 DA0832 转换实验程序框图

6. 实验步骤

（1）设定仿真模式为程序空间在仿真器上，数据空间在用户板上。把 DA0832 的片选 CS32 孔接至 YC3（0B000H～0BFFFH）孔。

（2）编写程序、编译程序，用单步、断点、连续方式调试程序，排除软件错误。运行程序，8155 键显区数码管上显示不断加大或减小的数字量，用万用表测量 D/A 输出孔 AOUT，应能测出不断加大或减小的电压值。

7. 思考问题

修改程序，使能产生锯齿波。

8. 汇编语言实验程序

```
            OUTBIT  EQU   0E101H      ;位控制口
            CLK164  EQU   0E102H      ;段控制口（接164时钟位）
            DAT164  EQU   0E102H      ;段控制口（接164数据位）
            IN      EQU   0E103H      ;键盘读入口
            LEDBUF  EQU   40H         ;显示缓冲
            ORG     0000H
            MOV     SP, #60H
            MOV     DPTR, #0E100H     ;8155初始化
            MOV     A, #03H
            MOVX    @DPTR, A
            MOV     40H, #00H         ;显示缓冲区置值
            MOV     41H, #08H
            MOV     42H, #03H
            MOV     43H, #02H
LOOP1:      MOV     R5, #00H
LOOP2:      MOV     DPTR, #0B000H     ;0832DA从小到大转换
            MOV     A, R5
            MOVX    @DPTR, A
            MOV     R0, #45H
            MOV     45H, A            ;拆字后送显示缓冲区

            ACALL   PTDS
            MOV     R6, #15H
DIR10:      ACALL   DISPLAY           ;调用显示子程序
            DJNZ    R6, DIR10
            INC     R5
            CJNE    R5, #00H, LOOP2
LOOP3:      MOV     DPTR, #0B000H     ;0832DA从大到小转换
            DEC     R5
            MOV     A, R5
            MOVX    @DPTR, A
            MOV     R0, #45H
            ACALL   PTDS
            MOV     R6, #15H
DIR11:      ACALL   DISPLAY
            DJNZ    R6, DIR11
```

```
              CJNE     R5, #00H, LOOP3
              SJMP     LOOP1
DELAY:
              MOV      R7, #00
              MOV      R3, #00
DELAYLOOP:                              ;延时子程序
              DJNZ     R3, DELAYLOOP
              DJNZ     R7, DELAYLOOP
              DJNZ     R6, DELAYLOOP
              RET
DISPLAY: SETB  0D3H
              MOV      R0, #LEDBUF
              MOV      R1, #6           ;共 6 个八段管
              MOV      R2, #00100000B   ;从左边开始显示
LOOP:
              MOV      DPTR, #OUTBIT
              MOV      A, #00H
              MOVX     @DPTR, A         ;关所有八段管
              MOV      A, @R0
              MOV      DPTR, #LEDMAP
              MOVC     A, @A+DPTR
              MOV      B, #8            ;送 164
DLP:
              RLC      A
              MOV      R3, A
              MOV      ACC.0, C
              ANL      A, #0FDH
              MOV      DPTR, #DAT164
              MOVX     @DPTR, A
              MOV      DPTR, #CLK164
              ORL      A, #03H
              MOVX     @DPTR, A
              ANL      A, #0FDH
              MOVX     @DPTR, A
              MOV      A, R3
              DJNZ     B, DLP
              MOV      DPTR, #OUTBIT
              MOV      A, R2
              MOVX     @DPTR, A         ;显示一位八段管
```

```
            MOV     R6, #01
            CALL    DELAY
            MOV     A, R2              ;显示下一位
            RR      A
            MOV     R2, A
            INC     R0
            DJNZ    R1, LOOP
            MOV     DPTR, #OUTBIT
            MOV     A, #0
            MOVX    @DPTR, A           ;关所有八段管
            CLR     0D3H
            RET
LEDMAP:                                ;八段管显示码
            DB   3FH, 06H, 5BH, 4FH, 66H, 6DH, 7DH, 07H
            DB   7FH, 6FH, 77H, 7CH, 39H, 5EH, 79H, 71H
PTDS:       MOV     R1, A
            ACALL   PTDS1
            MOV     A, R1
            SWAP    A
PTDS1:      ANL     A, #0FH
            MOV     @R0, A
            DEC     R0
            RET
DELAY1:     MOV     R7, #03H
            SJMP    DELAYLOOP
            END
```

9. C 语言实验程序

```c
#include <absacc.h>
#define LEDLen 6
#define MODE 0x03
#define CS0832 XBYTE[0xa000]
#define CAddr  XBYTE[0xe100]    /*控制字地址*/
#define OUTBIT XBYTE[0xe101]    /*位控制口*/
#define CLK164 XBYTE[0xe102]    /*段控制口（接164时钟位）*/
#define DAT164 XBYTE[0xe102]    /*段控制口（接164数据位）*/
#define IN     XBYTE[0xe103]    /*键盘读入口*/


unsigned char LEDBuf[LEDLen];   /*显示缓冲*/
code unsigned char LEDMAP[] = {  /*八段管显示码*/
    0x3f, 0x06, 0x5b, 0x4f, 0x66, 0x6d, 0x7d, 0x07,
```

```c
    0x7f, 0x6f, 0x77, 0x7c, 0x39, 0x5e, 0x79, 0x71
};

void Delay(unsigned char CNT)
{
   unsigned char i;

   while (CNT-- !=0)
      for (i=100; i !=0; i--);
}

void DisplayLED()
{
   unsigned char i, j;
   unsigned char Pos;
   unsigned char LED;
   Pos = 0x20;                    /*从左边开始显示*/
   for (i = 0; i < LEDLen; i++) {
      OUTBIT = 0;                 /*关所有八段管*/
      LED = LEDBuf[i];
      for (j = 0; j < 8; j++) {   /*送 164*/
        if (LED & 0x80) DAT164 = 1 ; else DAT164 = 0 ;
         CLK164 = CLK164| 0X02;
         CLK164 = CLK164& 0Xfd;
         LED <<= 1;
      }
      OUTBIT = Pos;               /*显示一位八段管*/
      Delay(1);
      Pos >>= 1;                  /*显示下一位*/
   }
   OUTBIT = 0;                    /*关所有八段管*/
}
void Write0832(unsigned char b)
{
   CS0832 = b;
}

void main()
{
   unsigned char i = 0;
   unsigned char j;
   unsigned char b;
   CAddr= MODE;
   while(1) {
      LEDBuf[0] = 0x3f;
      LEDBuf[1] = 0x7f;
```

```
            LEDBuf[2] = 0x4f;
            LEDBuf[3] = 0x5b;
            LEDBuf[4] = 0x00;
            LEDBuf[5] = 0x00;
            Write0832(i);
            LEDBuf[5] = LEDMAP[i & 0x0f] ;
            LEDBuf[4] = LEDMAP[i>>4 & 0x0f] ;
             i++;
            for(j=0; j<20; j++)
               DisplayLED();     /*延时*/
        }
    }
```

第三部分　单片机综合实验

第 8 章　单片机综合实验

8.1　实验三十一　音乐选择播放实验

1. 实验目的

（1）了解实验系统发出不同音调声音的编程方法。
（2）学习外部中断技术的基本使用方法和编程方法。

2. 实验内容

利用定时器产生不同频率的方法，组成乐谱由单片机进行信息处理，经过放大利用 8032 P1.0 口输出歌曲。当外部中断 0 脉冲到来后，播放下一首歌；当外部中断 1 到来后，播放最后一首歌。

3. 实验预备知识

（1）要产生音频脉冲，只要算出某一音频的周期（1/频率），然后将此周期除以 2，即为半周期的时间，利用计时器计时此半周期时间，计时到后即反相输出，重复此过程即得到此频率的脉冲。

（2）改变计数值 TH0 及 TL0，以产生不同的频率。

（3）每个音符使用一个字节，字节的高 4 位代表音符的高低，低 4 位代表音符的节拍。

4. 实验电路

音乐选择播放实验电路如图 8.1 所示。

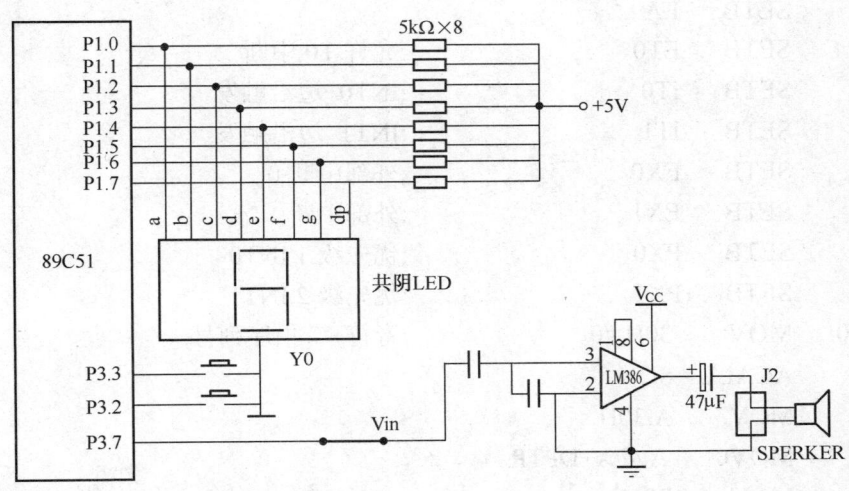

图 8.1　音乐选择播放实验电路

5. 实验步骤

（1）把 P1.0~P1.7 用连线连至 LA~LH 插孔上，把 Y0 接地，小喇叭接在 P3.7 口，将 P3.7 用连线连至 VIN1 插孔，将实验箱中间有 51 和 88 的跳线选到 88 的一边。运行程序后，观察数码管变化情况。

（2）用一根实验线一端连接脉冲源 1M 插孔，另一端碰一下 P3.2，放下一首歌曲；用一根实验线一端连接脉冲源 1M 插孔，另一端碰一下 P3.3，播放最后一首歌。

6. 汇编语言实验程序

```
            OUT         BIT     P3.7
            NEXTSONG    BIT     P3.2
            LASTSONG    BIT     P3.3
            PLAY        BIT     P3.4
            SONGNUM     EQU     40H
            ;;;;;;;;;;;;;;;;;;;;;;;;;;;;;;;;;;;;;;;;;;;;;;;;;;;;;;;;;;;
            ORG     0000H
            AJMP    START
            ORG     0003H
            AJMP    zhongduan0
            ORG     000BH
            AJMP    TIME
            ORG     0013H
            AJMP    zhongduan1
            ORG     0100H
START:      MOV     SONGNUM,#0
            MOV     50H,#0
            MOV     TMOD,#01H       ;T0，方式 1
            SETB    EA
            SETB    ET0             ;允许 T0 中断
            SETB    IT0             ;INT0 边沿触发
            SETB    IT1             ;INT1 边沿触发
            SETB    EX0             ;外部中断 0
            SETB    EX1             ;外部中断 1
            SETB    PX0             ;优先级 1 INT0
            SETB    PX1             ;优先级 2 INT1
START0:     MOV     30H,#0          ;音符+节拍序列号
NEXT:       ACALL   SON
            MOV     A,30H
            MOVC    A,@A+DPTR
            MOV     R2,A
            JZ      START0
```

```
            ANL     A,#0FH
            MOV     R5,A
            MOV     A,R2
            SWAP    A
            ANL     A,#0FH
            JNZ     SING
            CLR     TR0
            AJMP    SING1
SING:       DEC     A
            MOV     60H,A
            MOV     A,SONGNUM
            CJNE    A,#0,SHIJIAN
            MOV     50H,#2
            AJMP    JK
SHIJIAN:    MOV     50H,#4
JK:         MOV     A,60H
            ADD     A,50H
;;;;;;;;;;;;;;;;;;;;;;;;;;;;;;;;;;;;;
            MOV     22H,A
            RL      A
            MOV     DPTR,#TABLE1
            MOVC    A,@A+DPTR
            MOV     TH0,A
            MOV     21H,A
            MOV     A,22H
            RL      A
            INC     A
            MOVC    A,@A+DPTR
            MOV     TL0,A
            MOV     20H,A
            SETB    TR0
SING1:      LCALL   DELAY
            INC     30H
            AJMP    NEXT
;;;;;;;;;;;;;;;;;;;;;;;;;;;;;;;;;;;;;;;;;;;;
SON:        MOV     A,SONGNUM
SON0:       CJNE    A,#0,KON
            MOV     DPTR,#SONG0
            RET
```

```
KON:        CJNE    A,#10,SON1
            MOV     DPTR,#KONG
            RET
SON1:       CJNE    A,#1,SON2
            MOV     DPTR,#SONG1
            RET
SON2:       CJNE    A,#2,SON3
            MOV     DPTR,#SONG2
            RET
SON3:       CJNE    A,#3,SON4
            MOV     DPTR,#SONG3
            RET
SON4:       CJNE    A,#4,SON5
            MOV     DPTR,#SONG4
            RET
SON5:       CJNE    A,#5,SON6
            MOV     DPTR,#SONG5
            RET
SON6:       CJNE    A,#6,SON7
            MOV     DPTR,#SONG6
            RET
SON7:       CJNE    A,#7,SON8
            MOV     DPTR,#SONG7
            RET
SON8:       CJNE    A,#8,SON9
            MOV     DPTR,#SONG8
            RET
SON9:       MOV     DPTR,#SONG9
            RET
;;;;;;;;;;;;;;;;;;;;;;;;;;;;;;外部中断 0;;;;;;;;;;;;;;;;;;;;;;;;;;;;;;;;;;;;
zhongduan0: CLR     EX0
            PUSH    ACC
            PUSH    PSW
            ACALL   DELAY0
            JB      NEXTSONG,TO1            ;P3.2
K1:         MOV     A,SONGNUM
            INC     A
            MOV     SONGNUM,A
            CJNE    A,#11,TOE0
```

```
                MOV     SONGNUM,#0
TOE0:   ACALL   DISP
                MOV     30H,#0
TO1:    POP     PSW
        POP     ACC
        SETB    EX0
        RETI
;;;;;;;;;;;;;;;;;;;;;;;;;;;;外部中断 1;;;;;;;;;;;;;;;;;;;;;;;;;;;;;;;;
zhongduan1: CLR     EX1
        PUSH    ACC
        PUSH    PSW
        ACALL   DELAY0
        JB      LASTSONG,TO2        ;P3.3
        JNB     PLAY,K3             ;P3.4
K2:     MOV     A,SONGNUM
        DEC     A
        MOV     SONGNUM,A
        CJNE    A,#0FFH,TOE1
        MOV     SONGNUM,#10
        AJMP    TOE1
K3:     ACALL   DELAY0
        CPL     TR0
TOE1:   ACALL   DISP
        MOV     30H,#0
TO2:    POP     PSW
        POP     ACC
        SETB    EX1
        RETI
;;;;;;;;;;;;;;;;;;;;;T0 中断;;;;;;;;;;;;;;;;;;;;;;;;;;;;;;
TIME:   PUSH    ACC
        PUSH    PSW
        MOV     TL0,20H
        MOV     TH0,21H
        CPL     OUT
        POP     PSW
        POP     ACC
        RETI
;;;;;;;;;;;;;;;;;;;显示程序;;;;;;;;;;;;;;;;;;;;;;;;
DISP:   PUSH    DPL
```

```
                PUSH    DPH
                MOV     A,SONGNUM
                MOV     DPTR,#TAB
                MOVC    A,@A+DPTR
                MOV     P1,A
                CLR     P2.0
                POP     DPH
                POP     DPL
                RET
;;;;;;;;;;;;;;;;;;消抖延时;;;;;;;;;;;;;;;;;;;;;;;;;;;;;;;;;;;;;;;
DELAY0:         MOV     R6,#200
                MOV     R1,#250
                DJNZ    R1,$
                DJNZ    R6,$-4
                RET
;;;;;;;;;;;;;;;;;延时;;;;;;;;;;;;;;;;;;;;;;;;;;;;;;;;;;;;;;;;;;
DELAY:          MOV     R7,#2
D2:             MOV     R4,#155
D3:             MOV     R3,#248
                DJNZ    R3,$
                DJNZ    R4,D3
                DJNZ    R7,D2
                DJNZ    R5,DELAY
                RET
;;;;;;;;;;;;;;;;;;;;;;;;;;;;;;;;;;;;;;;;;;;;;;;;;;;;;;;;;;;;;
TAB:    DB      3FH,06H,5BH,4FH,66H,6DH,7DH,07H,7FH,67H      ;0～9
;;;;;;;;;;;;;;;音符控制常数;;;;;;;;;;;;;;;;;;;;;;;;;;;;;;;;;;;
TABLE1: DW      63628,63835,64021,64103,64260,64400,64524    ;低音 1234657
        DW      64580,64684,64777,64820,64898,64968,65030    ;中音 1234567
        DW      65058,65110,65157,65178,65217,65252,65282    ;高音 1234567
;;;;;;;;;;;;;;;;;;;音符+节拍;;;;;;;;;;;;;;;;;;;;;;;;;;;;;;;;;;
SONG0:;;;;;;;;;;;;;;兰花草;;;;;;;;;;;;;;;;;;;;;;;;;;;;;;;;;;;;
        DB      42H,82H,82H,82H,86H,72H,63H,71H,62H,52H,48H, 0B2H,0B2H,0B2H,0B2H
        DB      0B6H,0A2H, 83H,0A1H,0A2H,92H,88H,82H,0B2H,0B2H,0A2H,86H,72H, 63H,71H
        DB      62H,52H,44H,12H,02H, 12H,62H,62H,52H,46H,82H,73H,61H,52H,32H,48H, 00H
SONG1:;;;;;;;;;;;;;;两只老虎;;;;;;;;;;;;;;;;;;;;;;;;;;;;;;;;
        DB      44H,54H,64H,44H,44H,54H,64H,44H,64H,74H,88H,64H,74H,88H,82H,92H
        DB      82H,72H,64H,44H,82H,92H,82H,72H,64H,44H,54H,14H,48H,54H,14H,48H,00H
SONG2:;;;;;;;;;;;;生日快乐;;;;;;;;;;;;;;;;;;;;;;;;
```

```
            DB    82H,01H,81H,94H,84H,0B4H,0A4H,04H,82H,01H,81H,94H,84H, 0C4H,0B4H,04H
            DB    82H,01H,81H,0F4H,0D4H, 0B4H,0A4H,94H,04H,0E2H,01H,0E1H,0D4H,0B4H
            DB    0C4H,0B4H,04H,00H
SONG3:;;;;;;;;;;;;;;;两只蝴蝶;;;;;;;;;;;;;;;;;;;;;;;;;;;;;;;;;;;;;;
            DB    62H,52H,64H,04H, 52H,62H,52H,44H,04H, 22H,42H,54H,64H,52H,42H
            DB    22H,42H,14H,04H, 62H,52H,64H,04H, 52H,62H,52H,44H,04H,22H,42H
            DB    54H,64H,52H,42H,22H,42H,54H,04H, 62H,52H,64H,04H, 52H,62H,52H
            DB    44H,04H, 22H,42H,54H,64H,52H,42H,22H,42H,14H,04H, 62H,82H,84H,04H
            DB    82H,92H,82H,64H,04H, 52H,62H,54H,64H,52H,42H,22H,42H,44H,04H
            DB    82H,82H,92H,0B2H,0A2H,0A2H,92H,62H,52H,52H,66H,04H, 62H,62H
            DB    82H,94H,94H,22H,62H,56H,04H, 62H,82H,82H,62H,84H,04H, 0B4H,0A2H
            DB    92H,0A2H,64H,04H, 92H,92H,0A2H,92H,82H,62H,53H,63H,53H,84H,04H
            DB    82H,82H,92H,0B2H,0A2H,0A2H,92H,62H,52H,52H,66H,04H, 62H,62H,82H
            DB    94H,94H,22H,62H,56H,04H, 62H,82H,82H,62H,84H,04H, 0B4H,0A2H,92H
            DB    0A2H,64H,04H, 92H,92H,0A2H,92H,82H,62H,53H,63H,53H,84H,04H
            DB    62H,82H,82H,62H,84H,04H, 0B4H,0A2H,92H,0A2H,64H,04H
            DB    92H,92H,0A2H,92H,82H,62H,53H,63H,53H,84H,04H, 00H
SONG4:;;;;;;;;;;;;;;;;;记事本;;;;;;;;;;;;;;;;;;;;;;;;;;;;;;;;;;;
            DB    84H,82H,82H,82H,0B2H,0B2H,82H,0C2H,0C3H,82H,84H,0B2H,0A2H, 0A2H
            DB    93H,04H,94H,92H,82H,82H,63H,62H,62H,52H,52H,42H,44H,04H, 62H,52H
            DB    52H,42H,84H,04H, 92H,82H,94H,82H,63H,04H, 84H,82H,82H,82H,0B2H
            DB    0B2H,82H,0C2H,0C3H,83H,04H, 84H,0B2H,0A2H,0A2H,93H,94H,82H,92H,82H
            DB    63H,04H, 52H,62H,52H,44H,04H, 52H,62H,52H,42H,84H,04H, 14H,62H
            DB    52H,52H,42H,54H,42H,44H,04H, 0A2H,0B2H,0A2H,63H,04H, 0A2H,0B2H,0A2H
            DB    63H,04H, 0D2H,0C2H,0C2H,0B2H,0C2H,0B2H,0B2H,0B2H,94H,84H,94H,64H
            DB    04H, 64H,62H,52H,52H,42H,44H,04H, 64H,62H,52H,52H,42H,84H,04H
            DB    84H,92H,82H,92H,83H,63H,04H, 0A2H,0B2H,0A2H,63H,04H, 0A2H,0B2H
            DB    0A2H,63H,04H, 0D2H,0C2H,0C2H,0B2H,0D2H,0C2H,0C2H,0B2H,0C2H,0C2H
            DB    0C4H,0E4H,64H,04H,0D4H,0C2H,0D2H,0C2H,0B2H,94H,04H, 0D4H,0C2H, 0D2H
            DB    0C2H,0B2H,0C4H,04H,0D4H,0C2H,0D2H,0C2H,0B2H,0C4H,0B4H,96H,04H, 00H
SONG5:;;;;;;;;;;;;;;;;;;新年快乐;;;;;;;;;;;;;;;;;;;;;;;;;;;
            DB    42H,42H,44H,14H,02H, 62H,62H,64H,44H,04H, 42H,62H,84H,84H,02H
            DB    72H,62H,54H,04H, 52H,62H,74H,74H,02H, 62H,52H,64H,44H,04H
            DB    42H,62H,54H,14H,02H, 32H,52H,44H,04H, 00H
SONG6:;;;;;;;;;;;;;;;;;;;哈巴狗;;;;;;;;;;;;;;;;;;;;;;;;;;;;;
            DB    42H,42H,42H,52H,64H,04H, 62H,62H,62H,72H,84H,04H
            DB    92H,92H,82H,72H,64H,04H, 82H,82H,52H,62H,44H,04H
            DB    42H,42H,42H,52H,84H,04H, 62H,62H,62H,72H,84H,04H
            DB    92H,92H,82H,72H,64H,04H, 82H,82H,52H,62H,44H,04H, 00H
```

SONG7:;;;;;;;;;;;;;;;;;绿岛小夜曲;;;;;;;;;;;;;;;;;;;;;;;;;;;;;;;;;;
         DB   0A2H,0B2H,0D2H,0B2H,0A4H,0B2H,0D2H, 0B2H,0A2H,82H ,72H,88H
         DB   72H, 82H,0A2H,82H,72H,62H,42H,62H, 38H,38H
         DB   0A4H,02H,0B2H,0A4H,084H, 72H,82H,72H,62H,72H,84H,72H
         DB   64H,62H,12H,34H,02H,42H, 38H,38H, 44H,02H,32H,44H,64H
         DB   72H,82H,72H,62H,72H,84H,0A2H, 72H,74H,82H,0A2H,02H,0B2H
         DB   0A8H,0A8H, 0B2H,0B4H,0A2H,84H,82H,72H, 62H,72H,82H, 0A2H,88H
         DB   72H,74H,62H,42H,32H,32H,62H,78H,78H,82H,84H,72H,82H,0A2H,84H
         DB   72H,82H, 72H, 62H, 48H, 32H,0A2H,82H,0F2H,0A2H,0B2H,82H,72H
         DB   68H,68H,0B2H,0B2H,0A2H,82H,84H,02H,72H,74H,62H,42H,32H,42H,62H
         DB   78H,78H, 0A2H,0B2H,0A2H,72H,82H,84H,82H, 72H,74H,62H,44H,64H
         DB   0A8H,0A4H,02H,0A2H, 0A2H ,0B1H ,0A1H,82H,0A2H,0B4H,0B2H,0C2H
         DB   0A2H,0B2H,0A2H,82H,78H, 84H,72H,62H,44H,02H,62H,72H,81H,71H
         DB   62H,72H,84H,02H,0A2H, 0B4H,02H,82H,74H,82H,72H, 68H,68H,04H, 00H
SONG8:;;;;;;;;;;;;;;;;弯弯的月亮;;;;;;;;;;;;;;;;;;;;;;;;;;;;;;;
         DB   62H,82H,82H,62H,98H, 92H,0B2H,0B2H,82H,98H
         DB   62H,82H,82H,52H,68H, 92H,0B2H,0B2H,82H,92H,92H,94H
         DB   92H,0B2H,0B2H,92H,84H,94H, 0B8H,0B4H,04H, 00H
SONG9:;;;;;;;;;;;;;;;;妹妹背着洋娃娃;;;;;;;;;;;;;;;;;;;;;;;;;;;;
         DB   84H,02H,82H,64H,54H, 64H,54H,48H, 64H,02H,52H,44H,24H, 14H,24H,18H
         DB   84H,94H,88H, 64H,54H,68H, 84H,64H,54H,44H, 52H,42H,52H,62H,48H, 00H
;;
KONG: DB   04H,00H
         END

7. C 语言实验程序

```c
#include<reg51.h>
#include<intrins.h>
#define uchar unsigned char
#define uint unsigned int
sbit K1=P3^5;                          //播放和停止键
sbit SPK=P3^7;                         //蜂鸣器
uchar Song_Index=0,Tone_Index=0;       //当前音乐段索引,音符索引
//数码管段码表
uchar code DSY_CODE[]={0x3F,0x06,0x5B,0x4F,0x66,0x6D,0x7D,0x07,0x7F,0x67};
//标准音符频率对应的延时表
uchar code HI_LIST[]={0,226,229,232,233,236,238,240,241,242,244,245,246,247,248};
uchar code LO_LIST[]={0,4,13,10,20,3,8,6,2,23,5,26,1,4,3};
//三段音乐的音符
uchar code Song[][50]=
{
{1,2,3,1,1,2,3,1,3,4,5,3,4,5,5,6,5,3,5,6,5,3,5,3,2,1,2,1,-1;
```

```c
{3,3,3,4,5,5,5,6,5,3,5,3,2,1,5,6,53,3,2,1,1,-1};
{3,2,1,3,2,1,1,2,3,1,1,2,3,1,3,4,5,3,4,5,5,6,5,3,5,3,2,1,3,2,1,1,-1}
};
//三段音乐的节拍
uchar code Len[][50]=
{
{1,1,1,1,1,1,1,1,1,1,2,1,1,2,1,1,1,1,1,1,1,1,1,1,2,1,2,-1};
{1,1,1,1,1,1,2,1,1,1,1,1,1,2,1,1,1,1,1,1,2,2,-1};
{1,1,2,1,1,2,1,1,1,1,1,1,1,1,2,1,1,2,1,1,1,1,1,1,2,1,1,2,2,-1};
};
//外部中断 0
void EX0_INT() interrupt 0
{
   TR0=0;              //播放结束或者播放中途切换歌曲时停止播放
     Song_Index=(Song_Index+1)%3;  //跳到下一首的开头
   Tone_Index=0;
   P1=DSY_CODE[Song_Index];         //数码管显示当前音乐段号
}
//定时器 0 中断函数
void T0_INT() interrupt 1
{
TL0=LO_LIST[Song[Song_Index][Tone_Index]];
TH0=HI_LIST[Song[Song_Index][Tone_Index]];
SPK=~SPK;
}
//延时
void DelayMS(uint ms)
{
uchar t;
while(ms--) for(t=0;t<120;t++);
}
//主程序
void main()
{
   P1=0x3f;
   SPK=0;
   TMOD=0x00;
   IE=0x83;
   IT0=1;
   IP=0x02;
   while(1)
  {
//T0,方式 0
   while(K1==1);        //未按键等待
   while(K1==0);        //等待释放
   TR0=1;               //开始播放
```

```
            MOV     0BH, R3
            MOV     TH0, A
            MOV     TL0, 0BH
            SETB    TR0
            MOV     0CH, #0C8H
KEY:        MOV     A, 0CH
            JNZ     KEY
            CLR     TR0
            SJMP    INTS2
KEY1:       MOV     R7, #06H
            MOV     R6, #20H
KEY2:       MOV     A, R6
            CPL     A
            MOV     DPTR, #0E101H
            MOVX    @DPTR, A
            MOV     A, R6
            CLR     C
            RRC     A
            MOV     R6, A
            MOV     DPTR, #0E103H
            MOVX    A, @DPTR
            CPL     A
            ANL     A, #0FH
            MOV     R5, A
            DEC     R7
            MOV     A, R7
            JZ      KEY3
            MOV     A, R5
            JZ      KEY2
KEY3:       MOV     A, R5
            JZ      TONE3
            MOV     A, R7
            ADD     A, ACC
            ADD     A, ACC
            MOV     R7, A
            MOV     A, R5
            JNB     ACC.1, TONE
            INC     R7
            SJMP    TONE2
```

```
;=====================================
TONE:    MOV     A, R5
         JNB     ACC.2, TONE1
         INC     R7
         INC     R7
         SJMP    TONE2
TONE1:   MOV     A, R5
         JNB     ACC.3, TONE2
         INC     R7
         INC     R7
         INC     R7
TONE2:   MOV     DPTR, #0E101H
         CLR     A
         MOVX    @DPTR, A
         MOV     A, R7
         MOV     DPTR, #00AAH
         MOVC    A, @A+DPTR
         MOV     R7, A
         RET
;=====================================
TONE3:   MOV     R7, #0FFH
         RET
;=====================================
Q00AA:   DB   00H, 01H, 04H, 07H, 0FH, 02H, 05H, 08H
Q00B2:   DB   0EH, 03H, 06H, 09H, 0DH, 0CH, 0BH, 0AH
Q00BA:   DB   10H, 10H, 10H, 10H, 10H, 10H, 10H, 10H
Q00C2:   DB   0FCH, 42H, 0FCH, 0AEH, 0FDH, 0AH, 0FDH, 35H
Q00CA:   DB   0FDH, 82H, 0FDH, 0C8H, 0FEH, 05H, 0C0H, 0D0H
Q00D2:   DB   0C2H, 8CH, 85H, 09H, 8CH, 85H, 0BH, 8AH
Q00DA:   DB   0D2H, 8CH, 0A2H, 00H, 92H, 90H, 0B2H, 00H
Q00E2:   DB   15H, 0CH, 0D0H, 0D0H, 32H, 90H, 0E1H, 01H
Q00EA:   DB   0E4H, 0F0H, 90H, 0E1H, 03H, 0E0H, 0F4H, 54H
Q00F2:   DB   0FH, 0FFH, 22H          ;.."
;=====================================
STAR:    MOV     R0, #7FH
         CLR     A
STAR1:   MOV     @R0, A
         DJNZ    R0, STAR1
         MOV     SP, #20H
```

2. 实验内容

编写并调试出一个实验程序，按图 8.3 所示控制步进电机旋转。

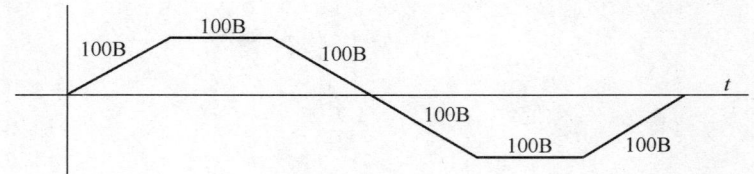

图 8.3 步进电机旋转波形示意图

3. 工作原理

步进电机是工业过程控制及仪表中常用的控制元件之一，例如在机械装置中可以用丝杠把角度变为直线位移，也可以用步进电机带螺旋电位器，调节电压或电流，从而实现对执行机构的控制。步进电机可以直接接收数字信号，不必进行数模转换，用起来非常方便。步进电机还具有快速起停、精确步进和定位等特点，因而在数控机床、绘图仪、打印机以及光学仪器中得到了广泛的应用。

步进电机实际上是一个数字/角度转换器，三相步进电机的结构原理如图 8.4 所示。从图中可以看出，电机的定子上有六个等分磁极，A、A′、B、B′、C、C′，相邻的两个磁极之间夹角为 60°，相对的两个磁极组成一相（A-A′，B-B′，C-C′），当某一绕组有电流通过时，该绕组相应的两个磁极形成 N 极和 S 极，每个磁极上各有五个均匀分布的矩形小齿，电机的转子上有 40 个矩形小齿均匀地分布在圆周上，相邻两个齿之间夹角为 9°。

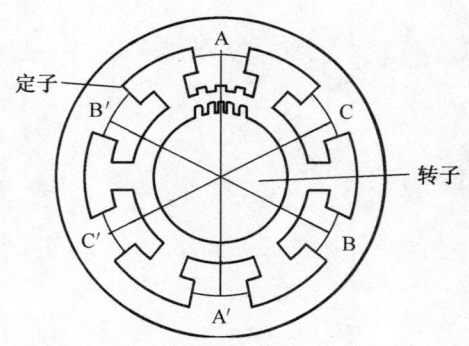

图 8.4 三相步进电机结构示意图

当某一相绕组通电时，对应的磁极就产生磁场，并与转子形成磁路，如果这时定子的小齿和转子的小齿没有对齐，则在磁场的作用下，转子将转动一定的角度，使转子和定子的齿相互对齐。由此可见，错齿是促使步进电机旋转的原因。

例如，在三相三拍控制方式中，若 A 相通电，B、C 相都不通电，在磁场作用下使转子齿和 A 相的定子齿对齐，我们以此作为初始状态。设与 A 相磁极中心线对齐的转子的齿为 0 号齿，由于 B 相磁极与 A 相磁极相差 120°，不是 9°的整数倍（120÷9=40/3），所以此时转子齿没有与 B 相定子的齿对应，只是第 13 号小齿靠近 B 相磁极的中心线，与中心线相差 3°，如果此时突然变为 B 相通电，A、C 相不通电，则 B 相磁极迫使 13 号转子齿与之对齐，转子就转动 3°，这样使电机转了一步。如果按照 A→B→C 的顺序轮流通电一周，则转子将动 9°。

步进电机的运转是由脉冲信号控制的，传统方法是采用数字逻辑电路——环形脉冲分配器控制步进电机的步进。图 8.5 为环形脉冲分配器的简化框图。

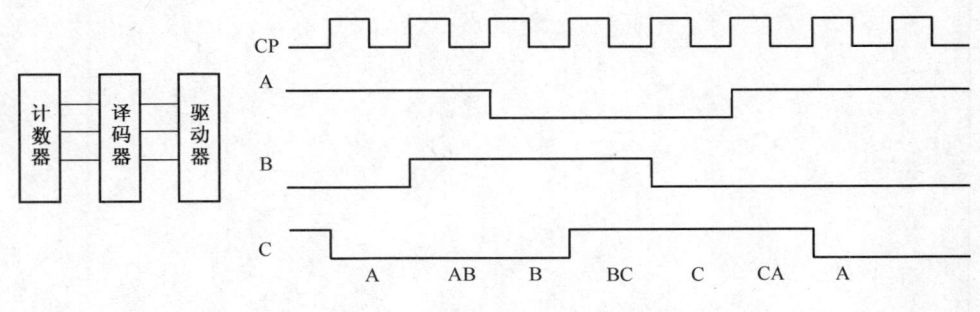

图 8.5　三相六拍环形脉冲分配器

（1）运转方向控制。如图 8.5 所示，步进电机以三相六拍方式工作，若按 A→AB→B→BC→C→CA→A 次序通电为正转，则当按 A→AC→C→CB→B→BA→A 次序通电为反转。

（2）运转速度的控制。图中可以看出，当改变 CP 脉冲的周期时，ABC 三相绕组高低电平的宽度将发生变化，这就导致通电和断电时速率发生了变化，使电机转速改变，所以调节 CP 脉冲的周期就可以控制步进电机的运转速度。

（3）旋转的角度控制。因为每输入一个 CP 脉冲使步进电机三相绕组状态变化一次，并相应地旋转一个角度，所以步进电机旋转的角度由输入的 CP 脉冲数确定。

超想-3000TC 实验仪选用的是 20BY-0 型 4 相步进电机，其工作电压为 4.5V，在双四拍运行方式时，其步距角为 18°，相直流电阻为 55Ω，最大静电流为 80mA。采用 8031 单片机控制步进电机的运转，按四相四拍方式在 P1 口输出控制代码，令其正转或反转。因此 P1 口输出代码的变化周期 T 控制了电机的运转速度，即：

$$n=60/TN$$

式中：n　——　步进电机的转速（转/分）；

　　　　N　——　步进电机旋转一周需输出的字节数；

　　　　T　——　代码字节的输出变化周期。

设 N=360°／18°=20，T=1.43ms，则步进电机的转速为 2100 转/分。

控制 P1 口输出的代码字节个数即控制了步进电机的旋转角度。

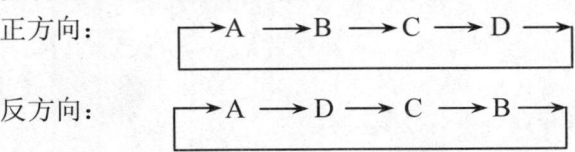

4．程序框图

步进电机控制主程序框图如图 8.6 所示。

正反转步进子程序框图如图 8.7 所示。

5．实验电路

步进电机控制实验电路如图 8.8 所示。

6. 实验步骤

（1）"系统资源"区的 P1.0～P1.3 孔接步进电机的 BA～BD 孔，"发光二极管组"的 L0～L3 孔接步进电机 A、B、C、D 孔；P1.7 孔连 L7。

（2）编写程序、编译程序。用单步、全速断点、连续方式调试程序，观察数码管上数字变化，检查程序运行结果，观察步进电机的转动状态，连续运行时用示波器测试 P1 口的输出波形，排除软件错误，直至达到本实验的设计要求。

7. 思考问题

若将步进电机 A、B、C、D 相分别接到 P1.4～P1.7，软件功能与本实验要求一致，需要修改哪几处程序？

8. 实验程序

```
            ORG     0000H
STRT:       MOV     SP, #6FH         ;初始化
            MOV     20H, #0          ;状态寄存器清零
            MOV     P1, #0F1H        ;正转 A 相通电
MLP:        MOV     R7, #64H         ;R7 为步计数器，正转 100 步
            MOV     42H, #0C8H       ;42H 为延时计数器
MLP0:       MOV     R6, 42H          ;调用延时 200ms 子程序
MLP9:       LCALL   DEL
            DJNZ    R6, MLP9
            DEC     42H
            LCALL   STEPS            ;调用步进子程序
            DJNZ    R7, MLP0         ;以上为加速程序
            MOV     R7, #64H         ;以下为恒速程序
MLP1:       MOV     R6, 42H
MLPX:       LCALL   DEL
            DJNZ    R6, MLPX
            LCALL   STEPS
            DJNZ    R7, MLP1
            MOV     R7, #64H         ;以下为减速程序
MLP2:       MOV     R6, 42H
MLPY:       LCALL   DEL
            DJNZ    R6, MLPY
            LCALL   STEPS
            INC     42H
            DJNZ    R7, MLP2
            CPL     7
            LJMP    MLP
STEPS:      INC     20H              ;正反转步进子程序
            ANL     20H, #83H
```

```
            MOV     A, 20H
            ANL     A, #3
            JB      7, STPSC
            MOV     DPTR, #FTAB
            SJMP    STPW
STPSC:      MOV     DPTR, #CTAB
STPW:       MOVC    A, @A+DPTR
            MOV     P1, A
            RET
FTAB:       DB      0F3H, 0F6H, 0FCH, 0F9H
CTAB:       DB      79H, 7CH, 76H, 73H
DEL:        MOV     R5, #0              ;延时子程序
DEL0:       DJNZ    R5, DEL0
            RET
            END
```

9. C语言实验程序

```c
#include <reg51.h>
#define Astep 0x01
#define Bstep 0x02
#define Cstep 0x04
#define Dstep 0x08
unsigned char dly_c;
void delay()
{
    unsigned char tt,cc;
    cc = dly_c;
    tt = 0x0;
    do{
        do {
        }while(--tt);
    }while(--cc);
}
void main()
{
    unsigned char state=1,count=0;
    int n=0;
    dly_c = 170;
/*单/双八拍工作方式*/
/*双四拍工作方式*/
    while(n++!=75)
    {
        P1 = Astep+Bstep;
        delay();
```

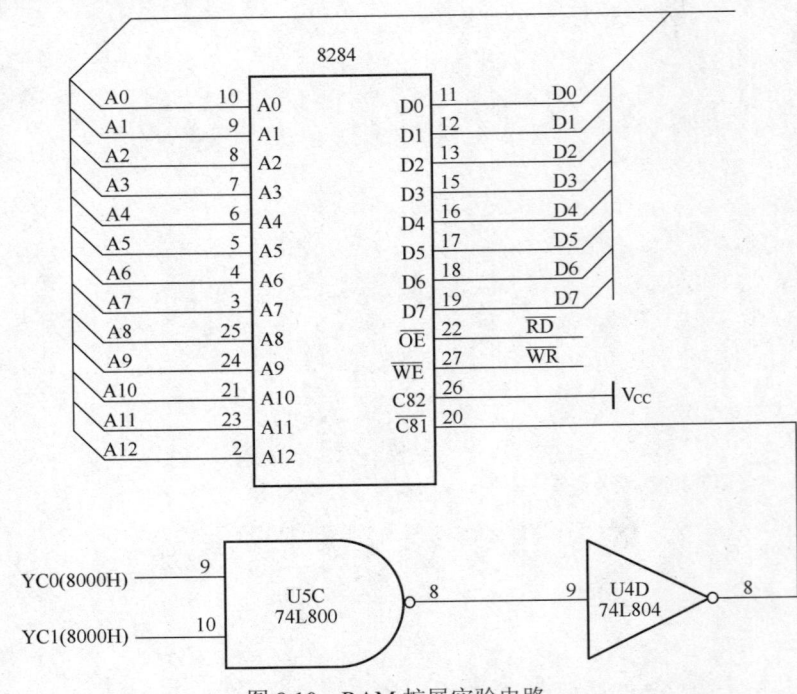

图 8.10　RAM 扩展实验电路

```
            MOV    SP, #60H
            MOV    DPTR, #0E100H      ;8155 初始化
            MOV    A, #03H
            MOVX   @DPTR, A
START:      MOV    DPTR, #8000H       ;往 6264 的 8000H～9FFFH 单元送入#55H
            MOV    A, #55H
DD:         MOVX   @DPTR, A
            INC    DPTR
            MOV    R0, DPH
            CJNE   R0, #0A0H, DD
            MOV    DPTR, #8000H
DD1:        MOVX   A, @DPTR           ;读出数据进行比较
            CJNE   A, #55H, ERR
            INC    DPTR
            MOV    R0, DPH
            CJNE   R0, #0A0H, DD1
            MOV    40H, #06H          ;显示缓冲器初始化
            MOV    41H, #05H
            MOV    42H, #06H
            MOV    43H, #04H
            MOV    44H, #10H
```

```
                MOV     45H, #00H
START1:         LCALL   DISPLAY           ;正确的显示"6464-0"
                SJMP    START1
ERR:            MOV     40H, #06H
                MOV     41H, #05H
                MOV     42H, #06H
                MOV     43H, #04H
                MOV     44H, #10H
                MOV     45H, #0EH
START2:         LCALL   DISPLAY           ;不正确的显示"6264-E"
                SJMP    START2
DISPLAY:        SETB    0D3H
                MOV     R0, #LEDBUF
                MOV     R1, #6            ;共 6 个八段管
                MOV     R2, #00100000B    ;从左边开始显示
LOOP:
                MOV     DPTR, #OUTBIT
                MOV     A, #00H
                MOVX    @DPTR, A          ;关所有八段管
                MOV     A, @R0
                MOV     DPTR, #LEDMAP
                MOVC    A, @A+DPTR
                MOV     B, #8             ;送 164
DLP:
                RLC     A
                MOV     R3, A
                MOV     ACC.0, C
                ANL     A, #0FDH
                MOV     DPTR, #DAT164
                MOVX    @DPTR, A
                MOV     DPTR, #CLK164
                ORL     A, #02H
                MOVX    @DPTR, A
                ANL     A, #0FDH
                MOVX    @DPTR, A
                MOV     A, R3
                DJNZ    B, DLP
                MOV     DPTR, #OUTBIT
                MOV     A, R2
```

```
            MOVX    @DPTR, A              ;显示一位八段管
            MOV     R6, #01
            CALL    DELAY
            MOV     A, R2                 ;显示下一位
            RR      A
            MOV     R2, A
            INC     R0
            DJNZ    R1, LOOP
            MOV     DPTR, #OUTBIT
            MOV     A, #0
            MOVX    @DPTR, A              ;关所有八段管
            CLR     0D3H
            RET
LEDMAP:                                   ;八段管显示码
            DB      3FH, 06H, 5BH, 4FH, 66H, 6DH, 7DH, 07H
            DB      7FH, 6FH, 77H, 7CH, 39H, 5EH, 79H, 71H
            DB      40H
DELAY:      MOV     R7, #00H              ;延时子程序
DELAYLOOP:
            DJNZ    R7, DELAYLOOP
            DJNZ    R6, DELAYLOOP
            RET
            END
```

7. C语言实验程序

```c
#include <absacc.h>
#define LEDLen 6
#define MODE 0x03
#define CAddr XBYTE[0xe100]      /*控制字地址*/
#define OUTBIT XBYTE[0xe101]     /*位控制口*/
#define CLK164 XBYTE[0xe102]     /*段控制口（接164时钟位）*/
#define DAT164 XBYTE[0xe102]     /*段控制口（接164数据位）*/
#define IN XBYTE[0xe103]         /*键盘读入口*/
#define RAM XBYTE[0x8fff]        //RAM扩展地址
#define BYTE unsigned char
unsigned char LEDBuf[LEDLen];    /*显示缓冲*/
unsigned char LEDMAP[] = {       /*八段管显示码*/
    0x3f, 0x06, 0x5b, 0x4f, 0x66, 0x6d, 0x7d, 0x07,
    0x7f, 0x6f, 0x77, 0x7c, 0x39, 0x5e, 0x79, 0x71};
void Delay(unsigned char CNT)
{
    unsigned char i;
    while (CNT-- !=0)
```

```c
        for (i=100; i !=0; i--);
}
void DisplayLED()
{
   unsigned char i, j;
   unsigned char Pos;
   unsigned char LED;
      LEDBuf[0] = 0x7d;
      LEDBuf[1] = 0x5b;
      LEDBuf[2] = 0x7d;
      LEDBuf[3] = 0x66;
      LEDBuf[4] = 0x00;
      Pos = 0x20;                    /*从左边开始显 code 示*/
   for (i = 0; i <7; i++) {
      OUTBIT = 0;                    /*关所有八段管*/
      LED = LEDBuf[i];
        for (j = 0; j < 8; j++) {    /*送 164*/
         if (LED & 0x80) DAT164 = 1 ;
         else DAT164 = 0 ;
          CLK164 = CLK164| 0X02;
          CLK164 = CLK164& 0Xfd;
           LED <<= 1;
      }
      OUTBIT = Pos;         /*显示一位八段管*/
      Delay(1);
      Pos >>= 1;            /*显示下一位*/
   }
   OUTBIT = 0;              /*关所有八段管*/
}
BYTE Check_data()           //检查数据是否正确
{
  if(RAM==0x55)
      {
      return 0xff;
      }
      else
      {
      return 0x00;
      }
}
void Write_data()           //向 6264 中写入数据
{
      RAM=0x55;
}
void main()
{
```

```
unsigned char i;
CAddr= MODE;
Write_data();
while(1)
{
   i=Check_data();
   if(i==0xff)
   {
   LEDBuf[5] = 0x3f;
   }
   else
   {
   LEDBuf[5] = 0x79;
   }
   DisplayLED();
}
}
```

8.5 实验三十五 工业顺序控制（INT0、INT1）综合实验

1. 实验目的

掌握工业顺序控制程序的简单编程，中断的使用。

2. 实验内容

8031 P1.0～P1.6 控制注塑机七道工序，现模拟控制七只发光二极管的点亮，高电平点亮。设定每道工序时间转换为延时，P3.4 为开工启动开关，高电平启动。P3.3 为外部故障输入模拟开关，低电平报警，P1.7 为报警声音输出。设定 7 道工序只有一位输出。

3. 程序框图

工业顺序控制（INT0、INT1）综合实验程序框图如图 8.11 所示。

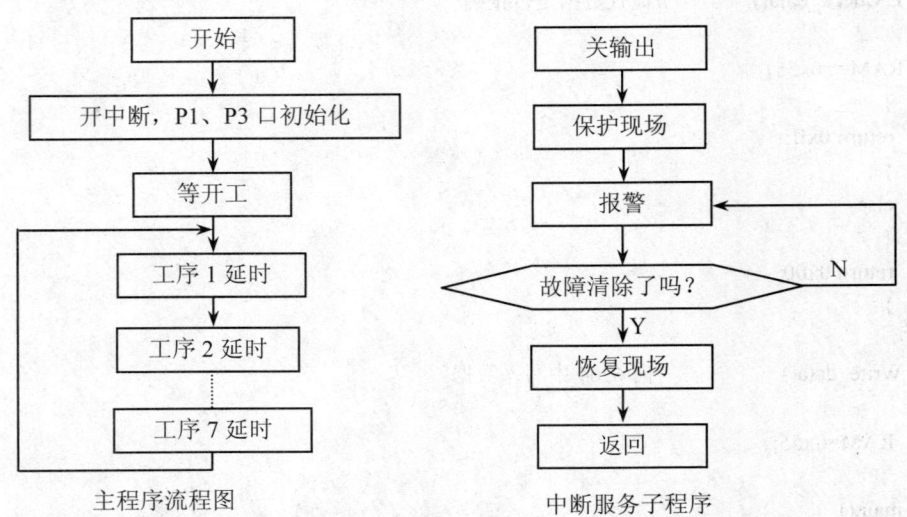

图 8.11 工业顺序控制（INT0、INT1）综合实验程序框图

4. 实验电路

工业顺序控制（INT0、INT1）综合实验电路如图 8.12 所示。

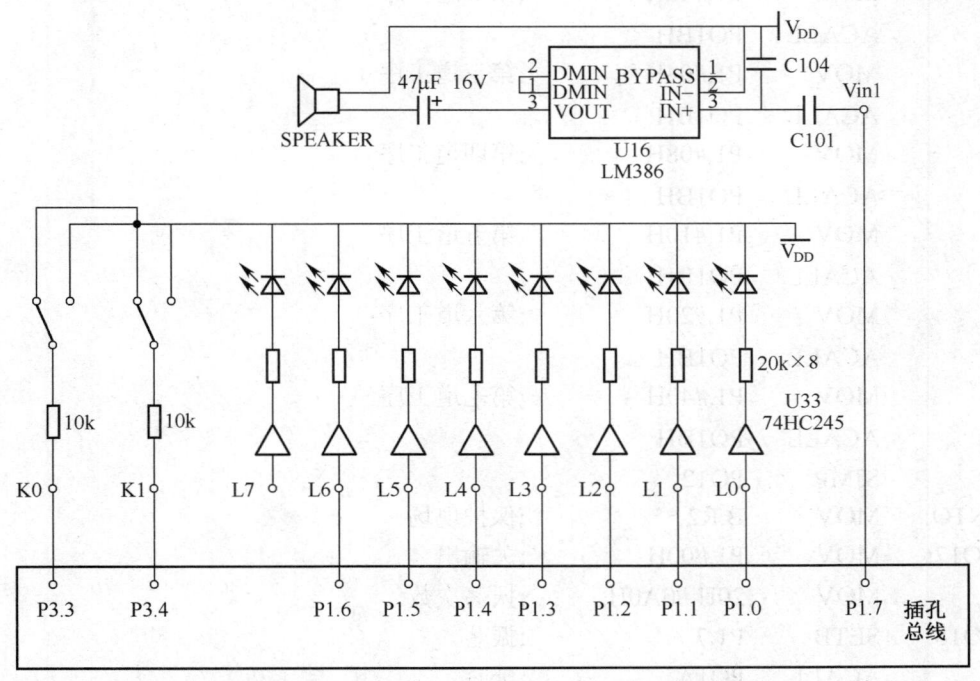

图 8.12　工业顺序控制（INT0、INT1）综合实验电路

5. 实验步骤

按图接好导线。执行程序，把 K1 和 K0 接到高电平，观察发光二极管点亮情况，确定工序执行是否正常，然后把 K0 置为低电平，看是否有声音报警。恢复中断 1，报警停，又从刚才报警时的程序继续执行下去。

6. 思考问题

修改程序，使每道工序中有多位输出。

7. 汇编语言实验程序

```
            ORG     0000H
            SJMP    MAIN
            ORG     0013H
            LJMP    INT0
MAIN:       MOV     P1,#00H
            ORL     P3,#00H
PO11:       JNB     P3.4,PO11       ;开工吗？
            ORL     IE,#84H
            ORL     IP,#04H
            MOV     PSW,#00H        ;初始化
            MOV     SP,#53H
```

```
PO12:   MOV     P1,#01H         ;第一道工序
        ACALL   PO1BH
        MOV     P1,#02H         ;第二道工序
        ACALL   PO1BH
        MOV     P1,#04H         ;第三道工序
        ACALL   PO1BH
        MOV     P1,#08H         ;第四道工序
        ACALL   PO1BH
        MOV     P1,#10H         ;第五道工序
        ACALL   PO1BH
        MOV     P1,#20H         ;第六道工序
        ACALL   PO1BH
        MOV     P1,#40H         ;第七道工序
        ACALL   PO1BH
        SJMP    PO12
INTO:   MOV     B,R2            ;保护现场
PO17:   MOV     P1,#00H         ;关输出
        MOV     20H,#0A0H       ;振荡次数
PO18:   SETB    P1.7            ;振荡
        ACALL   PO1A            ;延时
        CLR     P1.7            ;停止
        ACALL   PO1A            ;延时
        DJNZ    20H,PO18        ;不为零转
        CLR     P1.7
        ACALL   PO1A
        JNB     P3.3,PO17       ;故障消除吗?
        MOV     R2,B            ;恢复现场
        RETI
PO19:   MOV     R2,#10H         ;延时 1
        ACALL   DELY
        RET
PO1A:   MOV     R2,#06H         ;延时 2
        ACALL   DELY
        RET
PO1BH:  MOV     R2,#30H         ;延时 3
        ACALL   DELY
        RET
DELY:   PUSH    02H             ;延时子程序
DEL2:   PUSH    02H
```

```
DEL3:   PUSH    02H
DEL4:   DJNZ    R2,DEL4
        POP     02H
        DJNZ    R2,DEL3
        POP     02H
        DJNZ    R2,DEL2
        POP     02H
        DJNZ    R2,DELY
        RET
        END
```

8. C 语言实验程序

```c
#include "reg51.h"
#define WORD unsigned int
#define BYTE unsigned char
sbit Speak = P1^7;
sbit Start = P2^0;
sbit test = P1^0;
void delay(time)
{
    WORD i;
    for(i=0;i<=time;i++);
}
void ErroBl (void) interrupt 2 using 1
{
        P1=0X00;
            {
                Speak=1;
                delay(200);
                Speak=0;
                delay(100);
            }
}
void main()
{
    IE=0x84;
    IP=0x04;
    PSW=0x00;
    while(1)
        {
        if(Start==1)
            {
                /*
                P1=0X01;
                delay(200);
                P1=0X02;
                delay(200);
                P1=0X04;
```

```
                delay(200);
                P1=0X08;
                delay(200);
                P1=0X10;
                delay(200);
                P1=0X20;
                delay(200);
                P1=0X40;
                delay(200);
            */
                test=0;
                delay(10000);
                test=1;
                delay(10000);
            }
        }
    }
```

8.6 实验三十六 扩展时钟系统实验（DS12887）

1. 实验目的

掌握 MCS51 单片机扩展时钟电路的设计方法；了解 DS12887 的工作原理。

2. 实验内容

编程实现以下功能：程序第一次运行后，初始化时间显示为 00:00:00，即 6 位数码管显示为 00.00.00。通过键盘[MON]设定小时为 07，通过键盘[LAST]设定分钟为 08，通过键盘[NEXT]设定秒为 09，两分钟后，即在 7.10.09 时刻关掉电源，等待 2 分钟后再打开电源，这时时间应显示为 7.12.09，即停电后 DS12887 中的时钟不会停止运行。

3. 实验原理

在很多应用场合要求单片机系统不仅能够准确地采集数据，而且还需要了解产生这些数据的时刻，为单片机系统增加日历时钟是一项非常有用的技术，掌握这项技术便是本实验的目的。实验中使用 DALLAS 公司生产的日历、时钟加 RAM 芯片 DS12887。它具有接口简单、使用方便等特点，曾被用在 586 计算机中。其引脚分布如图 8.13 所示，内部 128 字节的非易失 SRAM，具体分配如图 8.14 所示。

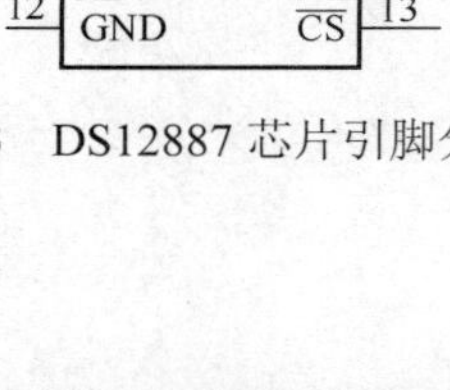

1	MOI	V_{CC}	24
2	NC	SQW	23
3	NC	NC	22
4	AD0	NC	21
5	AD1	NC	20
6	AD2	IRQ	19
7	AD3	RSI	18
8	AD4	DS	17
9	AD5	NC	16
10	AD6	R/$\overline{W}$	15
11	AD7	AS	14
12	GND	$\overline{CS}$	13

图 8.13 DS12887 芯片引脚分布图

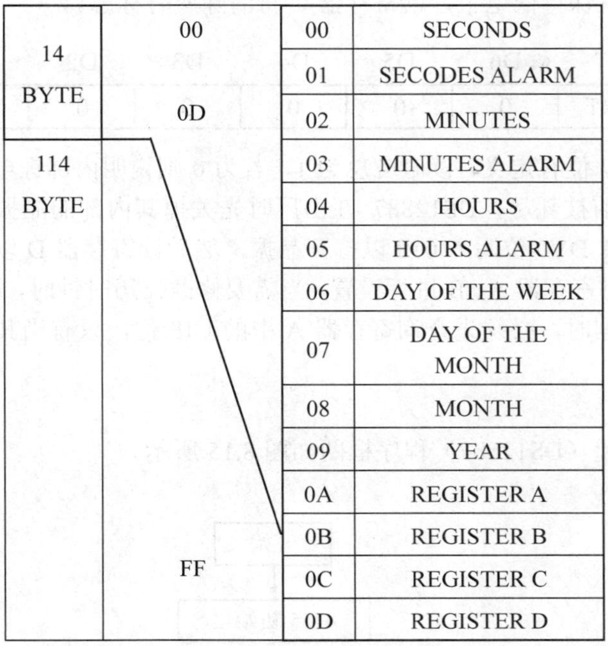

14 BYTE	00	00　SECONDS
		01　SECODES ALARM
	0D	02　MINUTES
114 BYTE		03　MINUTES ALARM
		04　HOURS
		05　HOURS ALARM
		06　DAY OF THE WEEK
		07　DAY OF THE MONTH
		08　MONTH
		09　YEAR
		0A　REGISTER A
		0B　REGISTER B
	FF	0C　REGISTER C
		0D　REGISTER D

图 8.14　DS12887 内部寄存器分布图

通过对寄存器 A、B、C、D 的编程可以控制 DS12887 的工作方式。

寄存器 A	D7	D6	D5	D4	D3	D2	D1	D0
	UIP	DV2	DV1	DV0	RS3	RS2	RS1	RS0

UIP 位：当其为 0 时指示更新在 244μs 内不会发生；DV2 DV1 DV0 位：当其为 010 时，打开晶振，并允许时钟开始计时；RS3 RS2 RS1 RS0 四位用于选择周期中断或输出方波频率，当其分别为 0111、1000、1001、1011、1101、1110、1111 时，对应频率为 512Hz、256Hz、128Hz、64Hz、32Hz、16Hz、8Hz、4Hz、2Hz。

寄存器 B	D7	D6	D5	D4	D3	D2	D1	D0
	SET	PIE	AIE	UIE	SQW	DM	12/24	DSE

SET 位为 0 时，每秒计数一次，置 1 后，更新转换被禁止；PIE、AIE、UIE 位为 1 时，分别允许周期中断、报警中断和时钟数据更新结束中断；为 0 时，禁止中断产生；当 SQW 位为 1 时，按寄存器 A 中由 RS3 RS2 RS1 RS0 设定的频率从 SQW 引脚输出方波；当其为 0 时，SQW 为低电平；当 DM 为 1 时选用二进制数据格式，反之为 BCD 数据格式；12/24 位为 1 时，指定 24 小时时间格式，否则为 12 小时时间格式；DSE 为 1 时允许夏时制发生。

寄存器 C	D7	D6	D5	D4	D3	D2	D1	D0
	IRQF	PF	AF	UF	0	0	0	0

寄存器 C 的内容是周期中断标志位 PF、报警中断标志位 AF、更新结束中断标志位 UF 和中断请求标志位 IRQF，它们之间的关系为 IRQF=PF×PIE+AF×AIE+UF×UIE，只要 IRQF

为 1，$\overline{\text{IRQ}}$ 引脚输出就保持低电平，读寄存器 C 将清除所有标志。

寄存器 D	D7	D6	D5	D4	D3	D2	D1	D0
	VRT	0	0	0	0	0	0	0

寄存器 D 中仅 D7 位有定义，读时应总为 1，若为 0 则说明内部锂电池已耗尽。为防止锂电池在芯片装入系统前被耗尽，DS12887 在出厂时先关掉其内部的晶振，编程时必须首先给寄存器 A 的 DV2 DV1 DV0 位写入 010 以打开晶振，然后读寄存器 D 以检查内部锂电池是否有效；接着根据需要对寄存器 A、B 进行设置。当需要修改日历时钟时，需要先使 SET 位置 1，当需要读日历时钟数据时，必须先查询寄存器 A 中的 UIP 位，只有当其为 0 时，才能进行读取数据。

4. 程序框图

扩展时钟系统实验（DS12887）程序框图如图 8.15 所示。

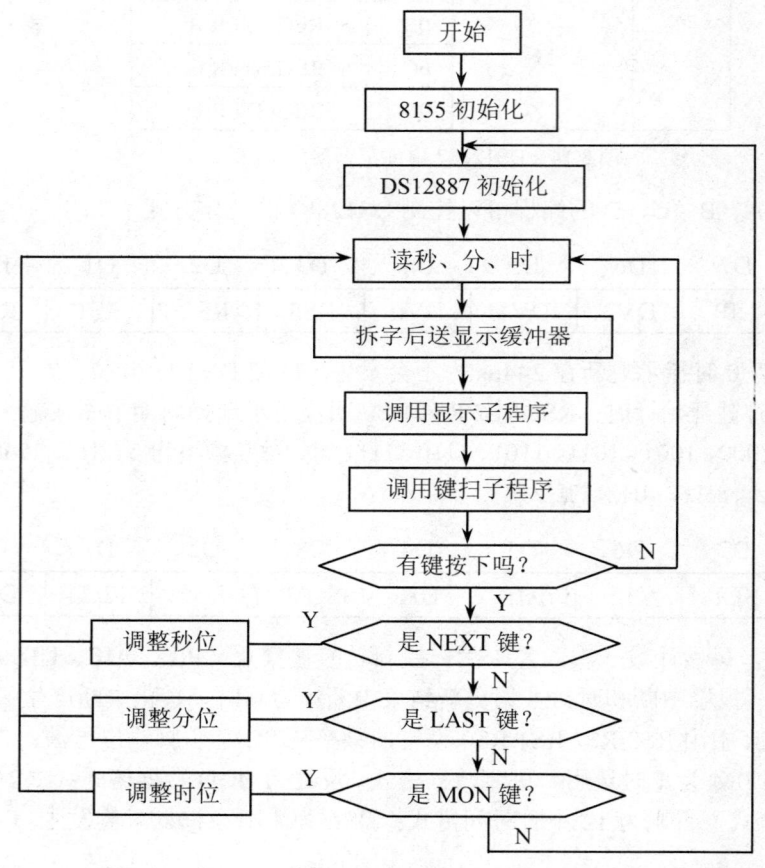

图 8.15　扩展时钟系统实验（DS12887）程序框图

5. 实验电路

扩展时钟系统实验电路如图 8.16 所示。

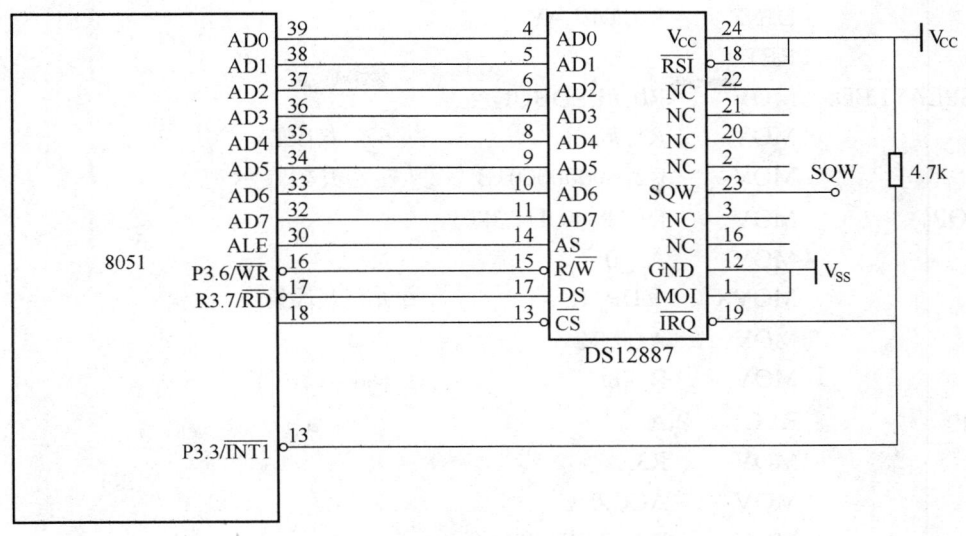

图 8.16 扩展时钟系统（DS12887）实验电路

6. 实验步骤

（1）设定仿真模式程序空间在仿真器上，数据空间在用户板上。

（2）从接线图中可看出，DS12887 的 $\overline{CS}$ 脚已连接 U17 译码器的 YS7 脚，于是可知 DS12887 的地址空间为 0FE00H～0FFFFH。

（3）硬件调试：因为 DS12887 内部有 114 个内部 RAM，在系统中的地址空间为：0FE0EH～0FE7FH，所以，可通过查看这一区域的数据读写来判断硬件是否有故障。

超想-3000TC+Keil 仿真器，在 Windows 调试环境下打开数据存储器区，在 0FE10H 开始的地址上写入一串 55H，然后按右键，弹出一窗口，单击"刷新"按钮，如写入的一串 55H 未被修改，则硬件无故障。

（4）设计程序并进行调试。

7. 汇编语言实验程序

```
;按 NEXT 键，调整秒位；按 LAST 键，调整分位；按 MON 键，调整时位
            OUTBIT     EQU    0E101H      ;位控制口
            CLK164     EQU    0E102H      ;段控制口（接 164 时钟位）
            DAT164     EQU    0E102H      ;段控制口（接 164 数据位）
            IN         EQU    0E103H      ;键盘读入口
LEDBUF:     EQU        60H                ;显示缓冲
            LJMP       START
LEDMAP:                                    ;八段管显示码
            DB         3FH, 06H, 5BH, 4FH, 66H, 6DH, 7DH, 07H
            DB         7FH, 6FH, 77H, 7CH, 39H, 5EH, 79H, 71H
            DB         00H
DELAY:      MOV        R7, #00            ;延时子程序
DELAYLOOP:  DJNZ       R7, DELAYLOOP
```

```
              DJNZ    R6, DELAY
              RET
DISPLAYLED:   MOV     R0, #LEDBUF
              MOV     R1, #6              ;共6个八段管
              MOV     R2, #00000001B      ;从左边开始显示
LOOP:         MOV     DPTR, #OUTBIT
              MOV     A, #0
              MOVX    @DPTR, A            ;关所有八段管
              MOV     A, @R0
              MOV     B, #8               ;送164
DLP:          RLC     A
              MOV     R3, A
              MOV     ACC.0, C
              MOV     DPTR, #DAT164
              ANL     A, #0FDH
              MOVX    @DPTR, A
              MOV     DPTR, #CLK164
              ORL     A, #02H
              MOVX    @DPTR, A
              ANL     A, #0FDH
              MOVX    @DPTR, A
              MOV     A, R3
              DJNZ    B, DLP
              MOV     DPTR, #OUTBIT
              MOV     A, R2
              MOVX    @DPTR, A            ;显示一位八段管
              MOV     R6, #1
              CALL    DELAY
              MOV     A, R2               ;显示下一位
              RL      A
              MOV     R2, A
              INC     R0
              DJNZ    R1, LOOP
              RET
TESTKEY:      MOV     DPTR, #OUTBIT
              MOV     A, #0
              MOVX    @DPTR, A            ;输出线置为0
              MOV     DPTR, #IN
              MOVX    A, @DPTR            ;读入键状态
```

```
                CPL     A
                ANL     A, #0FH            ;高四位不用
                RET
KEYTABLE:       DB      00H, 01H, 04H, 07H ;数字键码定义
                DB      0FH, 02H, 05H, 08H
                DB      0EH, 03H, 06H, 09H
                DB      0DH, 0CH, 0BH, 0AH
                DB      10H, 11H, 12H, 13H, 14H
                DB      15H, 16H, 10H, 10H, 10H
GETKEY:         MOV     13H, #06H
                MOV     12H, #20H
KEY2:           MOV     A, 12H
                CPL     A
                MOV     R7, A
                MOV     DPTR, #0E101H
                MOV     A, R7
                MOVX    @DPTR, A
                MOV     A, 12H
                CLR     C
                RRC     A
                MOV     12H, A
                MOV     DPTR, #0E103H
                MOVX    A, @DPTR
                MOV     R7, A
                MOV     A, R7
                CPL     A
                MOV     R7, A
                MOV     A, R7
                ANL     A, #0FH
                MOV     14H, A
                DEC     13H
                MOV     R7, 13H
                MOV     A, R7
                JZ      KEY1
                MOV     A, 14H
                JZ      KEY2
KEY1:           MOV     A, 14H
                JZ      GETKEY6
                MOV     A, 13H
```

```
                ADD     A, ACC
                ADD     A, ACC
                MOV     13H, A
                MOV     A, 14H
                JNB     ACC.1, GETKEY1
                INC     13H
                SJMP    GETKEY3
GETKEY1:        MOV     A, 14H
                JNB     ACC.2, GETKEY2
                INC     13H
                INC     13H
                SJMP    GETKEY3
GETKEY2:        MOV     A, 14H
                JNB     ACC.3, GETKEY3
                MOV     A, #03H
                ADD     A, 13H
                MOV     13H, A
GETKEY3:        MOV     DPTR, #0E101H
                CLR     A
                MOVX    @DPTR, A
GETKEY4:        MOV     R7, #0AH
                LCALL   DELAY
                LCALL   TESTKEY
                MOV     A, R7
                JNZ     GETKEY4
                MOV     R7, 13H
                MOV     A, R7
                MOV     DPTR, #KEYTABLE
                MOVC    A, @A+DPTR
                MOV     R2, A
                RET
GETKEY6:        MOV     R2, #0FFH
                RET
WAITRELEASE:    MOV     DPTR, #OUTBIT   ;等键释放
                CLR     A
                MOVX    @DPTR, A
                MOV     R6, #10
                CALL    DELAY
                CALL    TESTKEY
```

```
                JNZ     WAITRELEASE
                MOV     A, R2
                RET
START:          MOV     R6, #02H
                CALL    DELAY
                MOV     20H, #00H
                MOV     21H, #00H
                MOV     22H, #00H
                MOV     SP, #40H
                MOV     DPTR, #0E100H
                MOV     A, #03H
                MOVX    @DPTR, A
START1:         MOV     DPTR, #0FE0AH
                MOVX    A, @DPTR
                ANL     A, #70H
                CJNE    A, #20H, START2    ;判断晶振打开否?
                SJMP    START3
START2:         MOV     DPTR, #0FE0BH      ;设置 SET=0,芯片正常工作 24/12=1,
                                           选 24 小时制
                MOV     A, #82H
                MOVX    @DPTR, A
                MOV     R0, #06H
                MOV     DPTR, #0FE00H      ;时分秒清零
                MOV     A, #00H
RETUN0:         MOVX    @DPTR, A
                INC     DPTR
                DJNZ    R0, RETUN0
                MOV     DPTR, #0FE0AH
                MOV     A, #27H
                MOVX    @DPTR, A           ;打开晶振,SQW 输出 512Hz 方波
                INC     DPTR
                MOV     A, #5AH
                MOVX    @DPTR, A
START3:         MOV     DPTR, #0FE0AH
                MOVX    A, @DPTR
                JNB     ACC.7, LOOP12
                MOV     R5, #4DH
                DJNZ    R5, $
LOOP12:         MOV     DPTR, #0FE0BH
```

```
            MOV     A, #5AH
            MOVX    @DPTR, A
LOOP13:     MOV     DPTR, #0FE00H    ;读秒、分、时
            MOV     R1, #60H
            MOV     R0, #03H
LOOP11:     MOVX    A, @DPTR
            LCALL   PTREG            ;读取的值，进行拆字后送显示缓冲器 60H～65H
            INC     DPTR
            INC     DPTR
            DJNZ    R0, LOOP11
            MOV     DPTR, #0FE0BH
            CALL    DISPLAYLED       ;调用显示子程序
            CALL    TESTKEY          ;有输入？
            JZ      LOOP12           ;无输入，继续显示
            CALL    GETKEY           ;有输入，读入键码
            CJNE    A, #14H, KEEP0
            SJMP    KEEP1            ;是 NEXT 键，调整秒位
KEEP0:      CJNE    A, #15H, KEEP2
            SJMP    KEEP3            ;是 LAST 键，调整分位
KEEP2:      CJNE    A, #16H, START1
            SJMP    KEEP5            ;是 MON 键，调整时位
KEEP1:      MOV     DPTR, #0FE0BH
            MOV     A, #0DAH
            MOVX    @DPTR, A
            MOV     A, 20H
            LCALL   HBCD
            CJNE    A, #60H, LOOP20  ;秒位不能超过 60 秒
            MOV     20H, #00H
            SJMP    LOOP13
LOOP20:     MOV     DPTR, #0FE00H
            MOVX    @DPTR, A
            INC     20H
            SJMP    LOOP13
KEEP3:      MOV     DPTR, #0FE0BH
            MOV     A, #0DAH
            MOVX    @DPTR, A
            MOV     A, 21H
            LCALL   HBCD
            CJNE    A, #60H, LOOP21  ;分位不能超过 60 分
```

```
                MOV     21H, #00H
                SJMP    LOOP13
LOOP21:         MOV     DPTR, #0FE02H
                MOVX    @DPTR, A
                INC     21H
                SJMP    LOOP13
KEEP5:          MOV     DPTR, #0FE0BH
                MOV     A, #0DAH
                MOVX    @DPTR, A
                MOV     A, 22H
                LCALL   HBCD
                CJNE    A, #24H, LOOP22    ;时位不能超过 24 小时
                MOV     22H, #00H
                SJMP    LOOP13
LOOP22:         MOV     DPTR, #0FE04H
                MOVX    @DPTR, A
                INC     22H
                SJMP    LOOP13
PTREG:          PUSH    DPH                ;拆字子程序
                PUSH    DPL
                PUSH    ACC
                PUSH    B
                MOV     B, A
                ANL     A, #0FH
                MOV     DPTR, #LEDMAP
                MOVC    A, @A+DPTR
                ORL     A, #80H
                MOV     @R1, A
                INC     R1
                MOV     A, B
                SWAP    A
                ANL     A, #0FH
                MOV     DPTR, #LEDMAP
                MOVC    A, @A+DPTR
                MOV     @R1, A
                INC     R1
                POP     B
                POP     ACC
                POP     DPL
```

```
            POP     DPH
            RET
HBCD:       MOV     B, #100     ;单字节十六进制整数转换成单字节 BCD 码子程序
            DIV     AB
            MOV     R3, A
            MOV     A, B
            MOV     B, #10
            DIV     AB
            SWAP    A
            ORL     A, B
            RET
END
```

8. C 语言实验程序

```c
#include <reg51.h>
#include <absacc.h>
#define LEDLen 6
#define MODE 0x03
#define CAddr XBYTE[0xe100]     /*控制字地址*/
#define OUTBIT XBYTE[0xe101]    /*位控制口*/
#define CLK164 XBYTE[0xe102]    /*段控制口（接 164 时钟位）*/
#define DAT164 XBYTE[0xe102]    /*段控制口（接 164 数据位）*/
unsigned char LEDBuf[LEDLen];   /*显示缓冲*/
code unsigned char LEDMAP[] = { /*八段管显示码*/
    0x3f, 0x06, 0x5b, 0x4f, 0x66, 0x6d, 0x7d, 0x07,
    0x7f, 0x6f, 0x77, 0x7c, 0x39, 0x5e, 0x79, 0x71
};
void Delay(unsigned char CNT)
{
    unsigned char i;
    while (CNT-- !=0)
        for (i=100; i !=0; i--);
}
void DisplayLED()
{
    unsigned char i, j;
    unsigned char Pos;
    unsigned char LED;
    CAddr= MODE;
    Pos = 0x20;                 /*从左边开始显示*/
    for (i = 0; i < LEDLen; i++) {
        OUTBIT = 0;             /*关所有八段管*/
        LED = LEDBuf[i];
        for (j = 0; j < 8; j++) {   /*送 164*/
            if (LED & 0x80) DAT164 = 1; else DAT164 = 0;
```

```c
            CLK164 = CLK164 | 0X02;
            CLK164 = CLK164 & 0Xfd;
            LED <<= 1;
        }
        OUTBIT = Pos;          /*显示一位八段管*/
        Delay(1);
        Pos >>= 1;             /*显示下一位*/
    }
}
/*================================================================*/
#define Tick 10000             /*10000×100μs = 1s*/
#define T100us (256-50)        /*100μs 时间常数（6M）*/
unsigned char Hour, Minute, Second;
unsigned int C100us;           /*100μs 记数单元*/
void T0Int() interrupt 1
{
    C100us--;
    if (C100us == 0) {
        C100us = Tick;         /*100μs 记数器为 0，重置记数器*/
        Second++;
        if (Second == 60) {
            Second = 0;
            Minute++;
            if (Minute == 60) {
                Minute = 0;
                Hour++;
                if (Hour == 24) Hour = 0;
            }
        }
    }
}
void main()
{
    TMOD = 0x02;        /*方式，定时器*/
    TH0 = T100us;
    TL0 = T100us;
    IE = 0x82;          /*EA=1，IT0 = 1*/
    Hour = 0;
    Minute = 0;
    Second = 0;
    C100us = Tick;
    TR0 = 1;            /*启动定时器 0*/
    while (1) {
        LEDBuf[0] = LEDMAP[Hour/10];
        LEDBuf[1] = LEDMAP[Hour%10] | 0x80;
        LEDBuf[2] = LEDMAP[Minute/10];
```

```
        LEDBuf[3] = LEDMAP[Minute%10] | 0x80;
        LEDBuf[4] = LEDMAP[Second/10];
        LEDBuf[5] = LEDMAP[Second%10];
        DisplayLED();
    }
}
```

8.7　实验三十七　V/F 压频转换实验

1. 实验目的

了解 LM331 电压转换为频率的基本工作原理，熟悉 8031 内部定时/计数器的使用方法。

2. 实验内容

把电压转换成脉冲，用计数器进行测频并在超想-3000TC 综合实验仪的数码管上显示出来，实现频率计功能。

3. 工作原理

把模拟信号送 LM331 进行压频转换，然后将 8031 定时器 T0 设为定时状态，T1 设为计数状态，对脉冲信号进行计数。定时读取 T1 计数值，经"二—十"转换后送显示。本实验 8031 定时器 T0 为定时，T1 为计数，方式字 51H。

4. 实验电路

V/F 压频转换实验电路如图 8.17 所示。

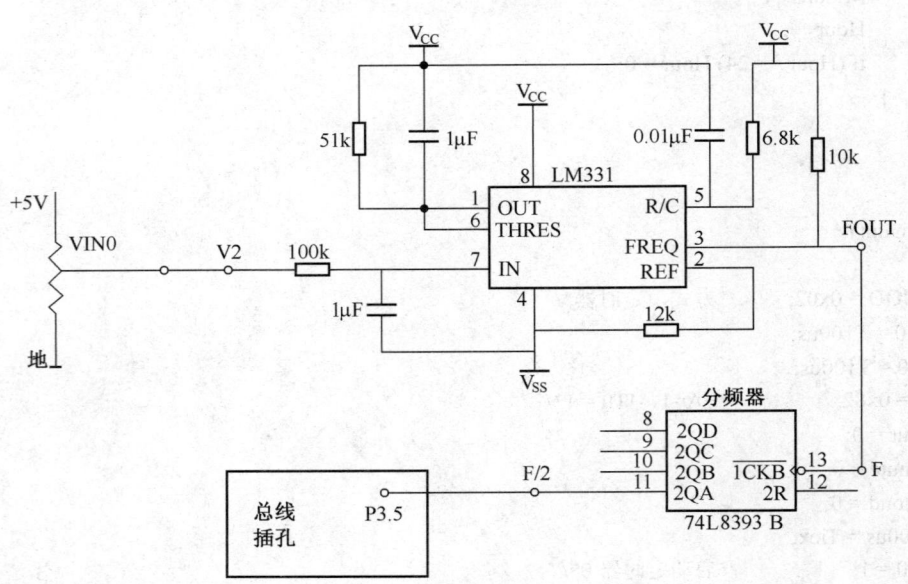

图 8.17　V/F 压频转换实验电路

5. 程序框图

V/F 压频转换实验程序框图如图 8.18 所示。

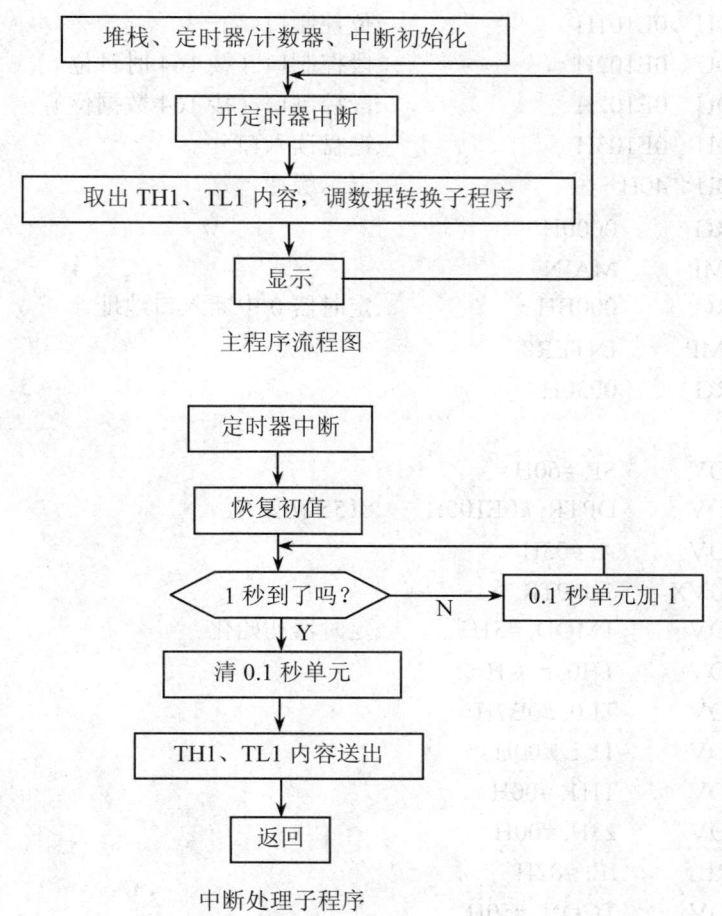

图 8.18 V/F 压频转换实验程序框图

6. 实验步骤

（1）把"模拟信号发生器"的 VIN 孔连 V/F 转换电路 LM331 的 V2 孔，V/F 转换电路 LM331 的 FOUT 孔连"分频器"的 F 孔，"分频器"的 F/2 孔连"系统资源区"的 P3.5（定时器 T1）孔。

（2）设定仿真模式为程序空间在仿真器上，数据空间在用户板上。

（3）硬件调试：超想-3000TC 综合实验仪加电以后，用示波器在 V/F 转换电路的 FOUT 孔即可观察到一脉冲波形，转动"模拟信号发生器"的电位器，输出脉冲频率会发生变化。

（4）编写程序、编译程序。首先将断点设在中断服务程序入口地址上，运行程序，如果响应断点，则表明中断初始化程序正确，如果碰不到断点则应检查本实验初始化程序部分软件是否有错。将断点设在中断服务程序体中，检查 T1 计数是否随输入信号作相应变化。再调试二进制转十进制子程序。调试程序，排除软件错误，观察 6 位显示器显示数字与输入信号是否对应变化，不断修改程序，直至达到设计要求。

7. 实验程序

;定时器 0 作定时器，定时器 1 对外部输入脉冲进行计数并把计数值显示于数码管上

```
OUTBIT    EQU    0E101H              ;位控制口
CLK164    EQU    0E102H              ;段控制口（接164时钟位）
DAT164    EQU    0E102H              ;段控制口（接164数据位）
IN        EQU    0E103H              ;键盘读入口
LEDBUF    EQU    40H                 ;显示缓冲
          ORG    0000H
          SJMP   MAIN
          ORG    000BH               ;定时器0中断入口地址
          LJMP   INTER0
          ORG    0030H
MAIN:
          MOV    SP, #60H
          MOV    DPTR, #0E100H       ;8155初始化
          MOV    A, #03H
          MOVX   @DPTR, A
          MOV    TMOD, #51H          ;定时器初始化
          MOV    TH0, #3CH
          MOV    TL0, #0B7H
          MOV    TL1, #00H
          MOV    TH1, #00H
          MOV    23H, #00H
          ORL    IE, #82H
          MOV    TCON, #50H
          MOV    50H, #00H
          MOV    51H, #00H
LOOP0:    MOV    R2, 50H
          MOV    R3, 51H
          LCALL  LOOP1               ;调用二进制转十进制子程序
          MOV    R0, #40H            ;转换结果送显示缓冲器
          MOV    A, R6
          LCALL  PTDS
          MOV    A, R5
          LCALL  PTDS
          MOV    A, R4
          LCALL  PTDS
          LCALL  DISPLAY             ;调用显示子程序
          SJMP   LOOP0
LOOP1:    CLR    A                   ;二进制转十进制子程序
          MOV    R4, A
```

	MOV	R5, A
	MOV	R6, A
	MOV	R7, #10H
LOOP2:	CLR	C
	MOV	A, R3
	RLC	A
	MOV	R3, A
	MOV	A, R2
	RLC	A
	MOV	R2, A
	MOV	A, R6
	ADDC	A, R6
	DA	A
	MOV	R6, A
	MOV	A, R5
	ADDC	A, R5
	DA	A
	MOV	R5, A
	MOV	A, R4
	ADDC	A, R4
	DA	A
	MOV	R4, A
	DJNZ	R7, LOOP2
	RET	
PTDS:	MOV	R1, A
	ACALL	PTDS1
	MOV	A, R1
	SWAP	A
PTDS1:	ANL	A, #0FH
	MOV	@R0, A
	INC	R0
	RET	
DELAY:		
	MOV	R7, #0 ;延时子程序
DELAYLOOP:		
	DJNZ	R7, DELAYLOOP
	DJNZ	R6, DELAYLOOP
	RET	
DISPLAY:	SETB	0D3H

```
                MOV     R0, #LEDBUF
                MOV     R1, #6              ;共 6 个八段管
                MOV     R2, #00000001B      ;从左边开始显示
        LOOP:
                MOV     DPTR, #OUTBIT
                MOV     A, #00H
                MOVX    @DPTR, A            ;关所有八段管
                MOV     A, @R0
                MOV     DPTR, #LEDMAP
                MOVC    A, @A+DPTR
                MOV     B, #8               ;送 164
        DLP:
                RLC     A
                MOV     R3, A
                MOV     ACC.0, C
                ANL     A, #0FDH
                MOV     DPTR, #DAT164
                MOVX    @DPTR, A
                MOV     DPTR, #CLK164
                ORL     A, #03H
                MOVX    @DPTR, A
                ANL     A, #0FDH
                MOVX    @DPTR, A
                MOV     A, R3
                DJNZ    B, DLP
                MOV     DPTR, #OUTBIT
                MOV     A, R2
                MOVX    @DPTR, A            ;显示一位八段管
                MOV     R6, #1
                CALL    DELAY
                MOV     A, R2               ;显示下一位
                RL      A
                MOV     R2, A
                INC     R0
                DJNZ    R1, LOOP
                MOV     DPTR, #OUTBIT
                MOV     A, #0
                MOVX    @DPTR, A
                CLR     0D3H                ;关所有八段管
```

```
                RET
LEDMAP:                             ;八段管显示码
                DB      3FH, 06H, 5BH, 4FH, 66H, 6DH, 7DH, 07H
                DB      7FH, 6FH, 77H, 7CH, 39H, 5EH, 79H, 71H
INTER0:  CLR     TR0                 ;定时器0中断处理子程序
        MOV     TL0, #0B7H
        MOV     TH0, #3CH
        INC     23H
        MOV     A, 23H
        CJNE    A, #0AH, ZOO1
        MOV     23H, #00H
        MOV     50H, TH1
        MOV     51H, TL1
        MOV     TL1, #00H
        MOV     TH1, #00H
ZOO1:   SETB    TR0
        RETI
        END
```

8.8　实验三十八　力测量实验

1. 实验目的

了解力-电信号转换的基本工作原理，掌握ADC0809的使用方法，提高数据处理程序的设计和调试能力。

2. 实验内容

编写并调试出一个实验程序，其功能为将一力施加于压力传感器金属弹性元件表面，超想-3000TC综合实验仪上数码管显示力的数据，并随力的大小而变化。

3. 工作原理

将金属丝电阻应变片粘附在弹簧片的表面，弹簧片在力的作用下发生形变，而电阻应变片也随着弹簧片一起变形，这将导致电阻应变片电阻的变化。弹簧片受的力越大，形变也越大，电阻应变片电阻的变化也越大，测量出电阻应变片电阻的变化，就可以计算出弹簧片受力的大小。

图8.19为应变片电桥测量电路，由应变片的电阻R1和另外三个电阻R2、R3、R4构成桥路，当电桥平衡时（即电阻应变片未受力作用时），R1=R2=R3=R4=R，此时电桥的输出U_0=0，当应变受力后，R1发生变化，使R1、R3≠R2、R4，电桥输出U_0≠0，并有：

$$U_0 \approx \pm \frac{1}{4} \cdot \frac{\Delta R}{R} U \approx \pm \frac{K_0 \varepsilon}{4} U$$

4. 程序框图

力测量实验程序框图如图8.20所示。

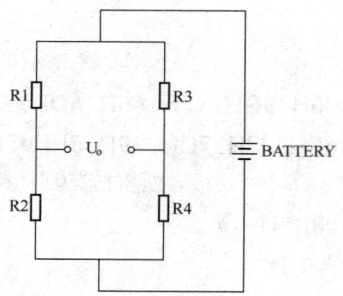

图 8.19 应变片电桥测量电路

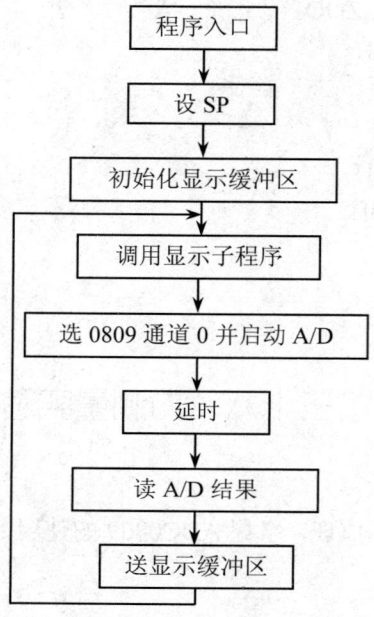

图 8.20 力测量实验程序框图

5. 实验电路

力测量实验电路如图 8.21 所示。

（1）当在应变片上施加一力时，引起电桥不平衡，压力信号转换为微弱的电压信号，经 LM324 运算放大器，把信号放大至 0~5V，作为 ADC0809 输入信号。

（2）ADC0809 能与 CPU 直接接口，其输入电压为 0~5V，本实验中以 A2、A1、A0 作为通道地址线，CPU 对 0809 执行写操作时锁存通道地址。

（3）从实验原理图可以看出"译码器"的 YC2 作为 0809 片选信号，所以 0809 地址为：0A000H。

6. 实验步骤

（1）设定仿真模式为程序空间在仿真器上，数据空间在用户板上。

（2）"译码器"的 YC2 孔连数模转换 ADC0809 的 CS09 孔，"脉冲源"的 0.5MHz 孔连 ADC0809 的 CLOCK 孔，09IN0 孔（ADC0809 的 0 通道）连 AN0 孔（压力传感器的输出孔）。

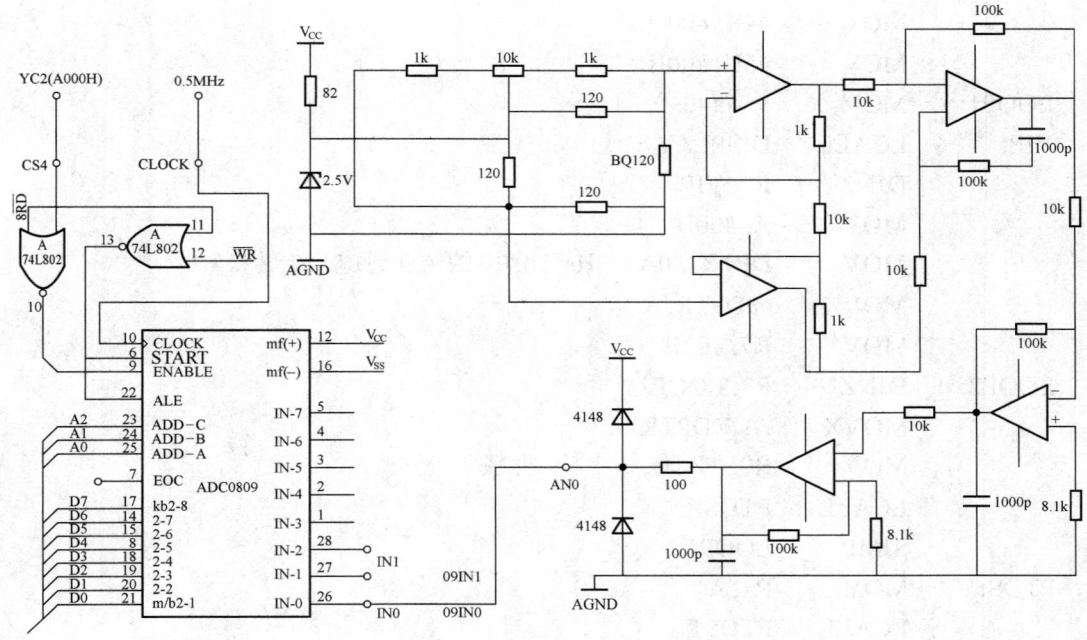

图 8.21 力测量实验电路

（3）硬件调试：在弹性元件表面施加一力。

（4）输入程序，编译。在读取 A/D 转换指令后设置断点，在弹性元件上施加一力，全速运行，如果碰到断点，再检查读出 A/D 转换结果，数据是否与 09VINO 相对应，否则应查程序或硬件。再全速运行程序，修改程序错误使超想-3000TC 综合实验仪显示值随力的大小而变化，直至达到本实验的要求。

（5）可通过"压力传感器"框中的电位器，对电桥进行零点平衡调节。

7. 汇编语言实验程序

```
OUTBIT  EQU   0E101H      ;位控制口
CLK164  EQU   0E102H      ;段控制口（接 164 时钟位）
DAT164  EQU   0E102H      ;段控制口（接 164 数据位）
IN      EQU   0E103H      ;键盘读入口
LEDBUF  EQU   40H         ;显示缓冲
        ORG   0000H
        MOV   SP, #60H
        MOV   DPTR, #0E100H  ;8155 初始化
        MOV   A, #03H
        MOVX  @DPTR, A
        MOV   40H, #10H      ;显示缓冲器初始化
        MOV   41H, #11H
        MOV   42H, #11H
        MOV   43H, #11H
```

```
                MOV     44H, #00H
                MOV     45H, #00H
LOOP1:          MOV     R7, #40
VIP:            LCALL   DISPLAY
                DJNZ    R7, VIP
                MOV     A, #00H
                MOV     DPTR, #0A000H   ;0809 的 AD 通道开始转换吗?
                MOVX    @DPTR, A
                MOV     R7, #02H
LOOP2:          DJNZ    R7, LOOP2
                MOVX    A, @DPTR
                MOV     R0, #45H        ;拆字
                LCALL   PTDS
                SJMP    LOOP1
PTDS:           MOV     R1, A
                LCALL   PTDS1
                MOV     A, R1
                SWAP    A
PTDS1:          ANL     A, #0FH
                MOV     @R0, A
                DEC     R0
                RET
DELAY:
                MOV     R7, #0          ;延时子程序
DELAYLOOP:
                DJNZ    R7, DELAYLOOP
                DJNZ    R6, DELAYLOOP
                RET
DISPLAY:        SETB    0D3H
                MOV     R0, #LEDBUF
                MOV     R1, #6          ;共 6 个八段管
                MOV     R2, #00100000B  ;从左边开始显示
LOOP:
                MOV     DPTR, #OUTBIT
                MOV     A, #00H
                MOVX    @DPTR, A        ;关所有八段管
                MOV     A, @R0
                MOV     DPTR, #LEDMAP
                MOVC    A, @A+DPTR
```

```
            MOV     B, #8              ;送 164
DLP:
            RLC     A
            MOV     R3, A
            MOV     ACC.0, C
            ANL     A, #0FDH
            MOV     DPTR, #DAT164
            MOVX    @DPTR, A
            MOV     DPTR, #CLK164
            ORL     A, #02H
            MOVX    @DPTR, A
            ANL     A, #0FDH
            MOVX    @DPTR, A
            MOV     A, R3
            DJNZ    B, DLP
            MOV     DPTR, #OUTBIT
            MOV     A, R2
            MOVX    @DPTR, A           ;显示一位八段管
            MOV     R6, #1
            CALL    DELAY
            MOV     A, R2              ;显示下一位
            RR      A
            MOV     R2, A
            INC     R0
            DJNZ    R1, LOOP
            MOV     DPTR, #OUTBIT
            MOV     A, #0
            MOVX    @DPTR, A
            CLR     0D3H               ;关所有八段管
            RET
LEDMAP:                                ;八段管显示码
            DB    3FH, 06H, 5BH, 4FH, 66H, 6DH, 7DH, 07H
            DB    7FH, 6FH, 77H, 7CH, 39H, 5EH, 79H, 71H
            DB    0B8H, 40H
            END
```

8. C语言实验程序
```
#include <absacc.h>
#define LEDLen 6
#define MODE 0x03
```

```c
#define CS0809 XBYTE[0xa000]
#define CAddr XBYTE[0xe100]         /*命令控制口*/
#define OUTBIT XBYTE[0xe101]        /*位控制口*/
#define CLK164 XBYTE[0xe102]        /*段控制口（接164时钟位）*/
#define DAT164 XBYTE[0xe102]        /*段控制口（接164数据位）*/
#define IN XBYTE[0xe103]            /*键盘读入口*/
unsigned char LEDBuf[LEDLen];       /*显示缓冲*/
code unsigned char LEDMAP[] = {     /*八段管显示码*/
    0x3f, 0x06, 0x5b, 0x4f, 0x66, 0x6d, 0x7d, 0x07, 0x7f, 0x6f, 0x77, 0x7c, 0x39, 0x5e, 0x79, 0x71};
    void Delay(unsigned char CNT)
{
    unsigned char i;
    while (CNT-- !=0)
        for (i=100; i !=0; i--);
}
void DisplayLED()
{
    unsigned char i, j;
    unsigned char Pos;
    unsigned char LED;
    Pos = 0x20;                     /*从左边开始显示*/
    for (i = 0; i < LEDLen; i++) {
        OUTBIT = 0;                 /*关所有八段管*/
        LED = LEDBuf[i];
        for (j = 0; j < 8; j++) {   /*送164*/
            if (LED & 0x80) DAT164 = 1 ; else DAT164 = 0 ;
            CLK164 = CLK164| 0X02;
            CLK164 = CLK164& 0Xfd;
            LED <<= 1;
        }
        OUTBIT = Pos;               /*显示一位八段管*/
        Delay(1);
        Pos >>= 1;                  /*显示下一位*/
    }
    OUTBIT = 0;                     /*关所有八段管*/
}
unsigned char Read0809()
{
    unsigned char i;
    CS0809 = 0;                     /*启动A/D*/
    for (i=0; i<0x20; i++) ;        /*延时>100µs*/
    return(CS0809);                 /*读入结果*/
}
void main()
{
    unsigned char j;
    unsigned char b;
    CAddr= MODE;
```

```
    while(1) {
        LEDBuf[0] = 0xb8;
        LEDBuf[1] = 0x40;
        LEDBuf[2] = 0x40;
        LEDBuf[3] = 0x40;
        LEDBuf[4] = 0x00;
        LEDBuf[5] = 0x00;
        //b = Read0809();
        LEDbuf[5] = LEDMAP[Read0809() & 0x0f] ;
        LEDbuf[4] = LEDMAP[Read0809()>>4 & 0x0f] ;
        for(j=0; j<5; j++)
            DisplayLED();              /*延时*/
    }
}
```

8.9 实验三十九 温度测量实验

1. 实验目的

了解热敏电阻测温基本工作原理及小信号放大器工作原理和零点、增益的调整方法。

2. 实验内容

使用电桥将热敏电阻阻值变化转换为电压信号，放大以后经 A/D 转换为数字量由 CPU 处理，在 LED 上显示出来。

3. 工作原理

温度测量采用热敏元件作为传感器，常用的温度传感器有热敏电阻、热电偶、集成温度传感器等。其中热敏电阻价格便宜且方便耐用。根据电阻和温度关系有负温度系数，正温度系数和临界温度热敏电阻。

4. 程序框图

温度测量实验程序框图如图 8.22 所示。

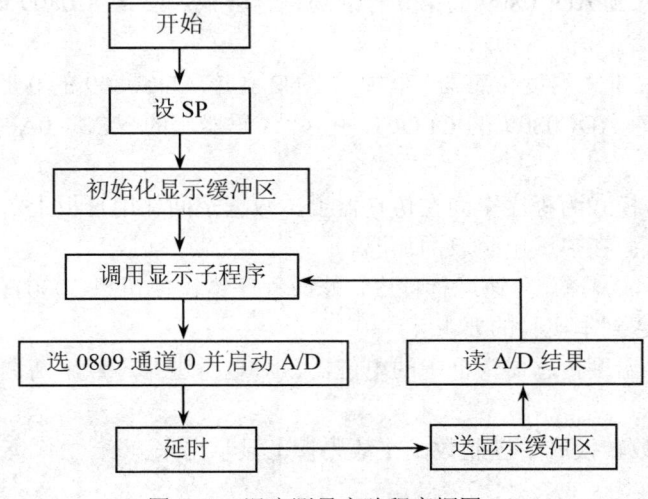

图 8.22 温度测量实验程序框图

5. 实验电路

温度测量实验电路如图 8.23 所示。

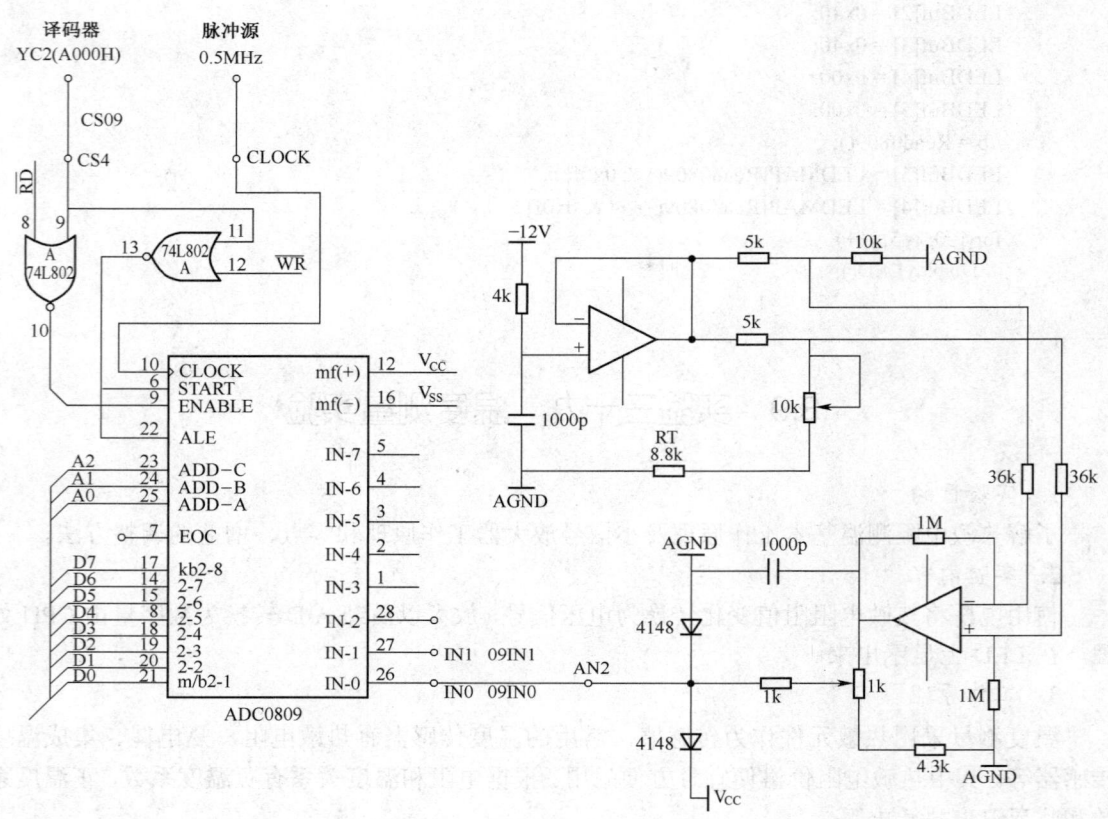

图 8.23　温度测量实验电路

图中使用的热敏电阻为负温度系数热敏电阻，温度愈高，电阻愈小，运放输出的电压愈高。该电压信号输入到 ADC0809 的第 0 号通道进行转换。读 ADC0809 即可得到环境温度值。

6. 实验步骤

（1）系统连接：把"温度传感器"框中的 AN2 孔连 ADC0809 的 0 通道 09IN0；"脉冲源"框中的 0.5MHz 孔连 ADC0809 的 CLOCK 孔；"译码器"的 YC2（0A000H）孔连 ADC0809 的 CS09 孔。

（2）设定仿真模式为程序空间在仿真器上，数据空间在用户板上。

（3）硬件调试：在热敏电阻表面加温。

（4）输入程序，编译。全速运行程序，修改程序错误使超想-3000TC 显示值随 W 温度的高低而变化，直至达到本实验的要求。

（5）可通过"温度传感器"框中的电位器，对电桥进行零点平衡调节。

7. 思考问题

请把十六进制数转换成十进制数，在数码管上显示出来。

8. 汇编语言实验程序

```
            OUTBIT  EQU 0E101H      ;位控制口
            CLK164  EQU 0E102H      ;段控制口（接164时钟位）
            DAT164  EQU 0E102H      ;段控制口（接164数据位）
            IN      EQU 0E103H      ;键盘读入口
            LEDBUF  EQU 40H         ;显示缓冲
            ORG     0000H
            MOV     SP, #60H
            MOV     DPTR, #0E100H   ;8155初始化
            MOV     A, #03H
            MOVX    @DPTR, A
            MOV     40H, #10H       ;显示缓冲器初始化
            MOV     41H, #11H
            MOV     42H, #11H
            MOV     43H, #11H
            MOV     44H, #00H
            MOV     45H, #00H
LOOP1:      MOV     R4, #2
VIP:        LCALL   DISPLAY
            DJNZ    R4, VIP
            MOV     A, #00H
            MOV     DPTR, #0A000H   ;0809的AD通道开始转换吗?
            MOVX    @DPTR, A
            MOV     R7, #02H
LOOP2:      DJNZ    R7, LOOP2
            MOVX    A, @DPTR
            MOV     R0, #45H        ;拆字
            LCALL   PTDS
            SJMP    LOOP1
PTDS:       MOV     R1, A
            LCALL   PTDS1
            MOV     A, R1
            SWAP    A
PTDS1:      ANL     A, #0FH
            MOV     @R0, A
            DEC     R0
            RET
DELAY:      MOV     R7, #0          ;延时子程序
DELAYLOOP:
```

```
            DJNZ     R7, DELAYLOOP
            DJNZ     R6, DELAYLOOP
            RET
DISPLAY:    SETB     0D3H
            MOV      R0, #LEDBUF
            MOV      R1, #6              ;共 6 个八段管
            MOV      R2, #00100000B      ;从左边开始显示
LOOP:
            MOV      DPTR, #OUTBIT
            MOV      A, #00H
            MOVX     @DPTR, A            ;关所有八段管
            MOV      A, @R0
            MOV      DPTR, #LEDMAP
            MOVC     A, @A+DPTR
            MOV      B, #8               ;送 164
DLP:        RLC      A
            MOV      R3, A
            MOV      ACC.0, C
            ANL      A, #0FDH
            MOV      DPTR, #DAT164
            MOVX     @DPTR, A
            MOV      DPTR, #CLK164
            ORL      A, #02H
            MOVX     @DPTR, A
            ANL      A, #0FDH
            MOVX     @DPTR, A
            MOV      A, R3
            DJNZ     B, DLP
            MOV      DPTR, #OUTBIT
            MOV      A, R2
            MOVX     @DPTR, A            ;显示一位八段管
            MOV      R6, #1
            CALL     DELAY
            MOV      A, R2               ;显示下一位
            RR       A
            MOV      R2, A
            INC      R0
            DJNZ     R1, LOOP
            MOV      DPTR, #OUTBIT
```

```
            MOV     A, #0
            MOVX    @DPTR, A
            CLR     0D3H                    ;关所有八段管
            RET
LEDMAP:                                     ;八段管显示码
        DB  3FH, 06H, 5BH, 4FH, 66H, 6DH, 7DH, 07H
        DB  7FH, 6FH, 77H, 7CH, 39H, 5EH, 79H, 71H
        DB  0F6H, 40H
            END
```

8.10 实验四十 直流电机转速测量与控制实验

1. 实验目的

了解霍尔器件工作原理及转速测量与控制的基本原理、基本方法，掌握 DAC0832 电路的接口技术和应用方法，提高实时控制系统的设计和调试能力。

2. 实验内容

设计并调试一个程序，其功能为测量电机的转速，并在超想-3000TC 综合实验仪显示器上显示出来，采用比例调节器方法，使电机转速稳定在某一设定值。此设定值可由超想-3000TC 综合实验仪上的键盘输入。

3. 工作原理

转速是工程上的一个常用参数。旋转体的转速常以每秒钟或每分钟转数来表示，因此其单位为转/秒、转/分，也有时用角速度表示瞬时转速，这时的单位相应为弧度/秒。

转速的测量方法很多，由于转速是以单位时间内转数来衡量的，在变换过程中多数是有规律的重复运动。霍尔开关传感器正是由于其体积小、无触点、动态特性好、使用寿命长等特点，在测量转动物体旋转速度领域得到了广泛应用。

霍尔器件是由半导体材料制成的一种薄片，在垂直于平面方向上施加外磁场 B，在沿平面方向两端加外电场，则使电子在磁场中运动，结果在器件的两个侧面之间产生霍尔电势。其大小和外磁场及电流大小成比例。

本实验选用美国史普拉格公司（SPRAGUE）生产的 3000 系列霍尔开关传感器 3020，它是一种硅单片集成电路，器件的内部含有稳压电路、霍尔电势发生器、放大器、史密特触发器和集电极开路输出电路，具有工作电压范围宽、可靠性高、外电路简单、输出电平可与各种数字电路兼容等特点。器件采用三端平塑封装。引出端功能符号如表 8.1 所示。

表 8.1 3020 管脚图

引出端序号	1	2	3
功能	电源	地	输出
符号	VC1	GND	OUT

根据霍尔效应原理，将一块永久磁钢固定在电机转轴上的转盘边沿，转盘随测轴旋转，磁钢也将跟着同步旋转，在转盘附近安装一个霍尔器件 3020，转盘随轴旋转时，受磁钢所产

生的磁场的影响，霍尔器件输出脉冲信号，其频率和转速成正比，测出脉冲的周期或频率即可计算出转速。

直流电机的转速与施加于电机两端的电压大小有关。本实验用 DAC0832 控制输出到直流电机的电压，控制 DAC0832 的模拟输出信号量来控制电机的转速。当电机转速小于设定值时增大 D/A 输出电压，大于设定值时则减小 D/A 输出电压，从而使电机以某一速度恒速旋转。我们采用简单的比例调节器算法（简单的加一、减一法）。

比例调节器（P）的输出系统式为：

$$Y = K_p e(t)$$

式中：Y——调节器的输出；

　　　e(t)——调节器的输入，一般为偏差值；

　　　K_p——比例系数。

从上式可以看出，调节器的输出 Y 与输入偏差值 e(t) 成正比。因此，只要偏差 e(t) 一出现，就会产生与之成比例的调节作用，具有调节及时的特点，这是一种最基本的调节规律。比例调节作用的大小除了与偏差 e(t) 有关外，主要取决于比例系数 K_p，比例调节系数越大，调节作用越强，动态特性也越大。反之，比例系数越小，调节作用越弱。对于大多数的惯性环节，K_p 太大时将会引起自激振荡。比例调节的主要缺点是存在静差，对于扰动的惯性环节，K_p 太大时将会引起自激振荡。对于扰动较大、惯性也比较大的系统，若采用单纯的比例调节器则难以兼顾动态和静态特性，需采用调节规律比较复杂的 PI（比例积分调节器）或 PID（比例、积分、微分调节器）算法。

4．实验电路

直流电机转速测量与控制实验电路如图 8.24 所示。

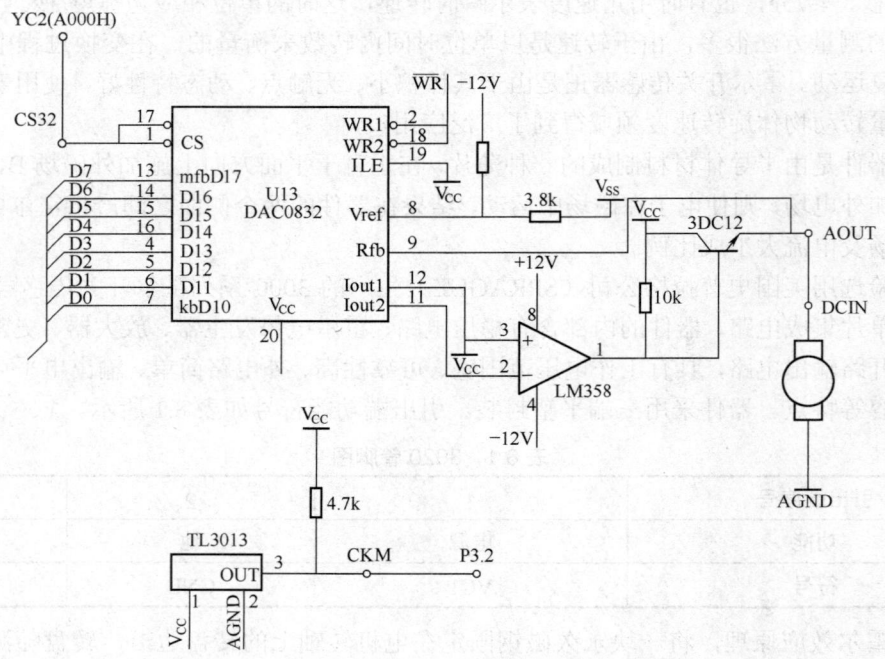

图 8.24　直流电机转速测量与控制实验电路

定时器 T1，工作于外部事件计数方式，对转速脉冲计数；T0 工作于定时器方式，均工作于方式 1。"译码器"的 YC2 孔作为 DAC0832 的片选端，故 DAC0832 地址为 0A000H～0AFFFH。

5. 程序框图

直流电机转速测量与控制实验主程序框图如图 8.25 所示，INT1 中断程序如图 8.26 所示，T0 中断程序框图如图 8.27 所示。

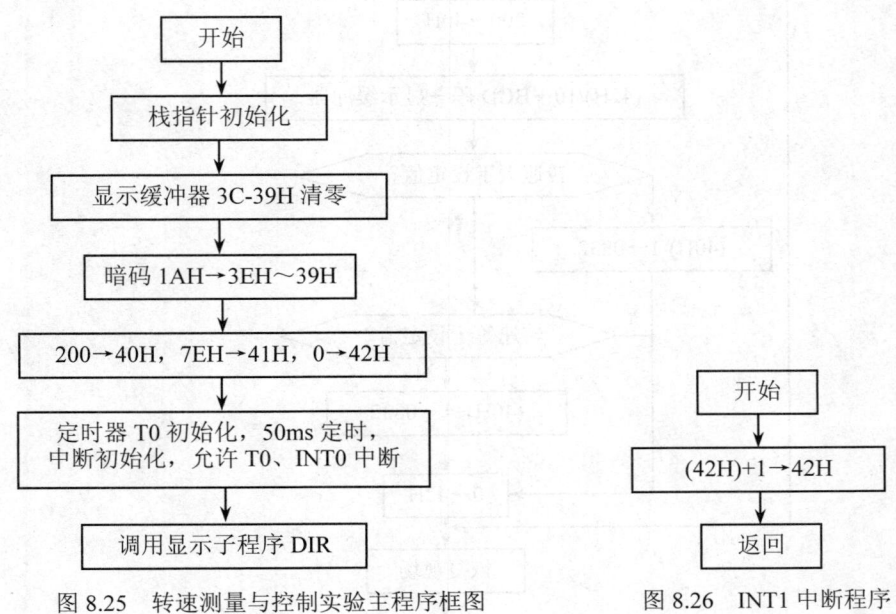

图 8.25　转速测量与控制实验主程序框图　　　图 8.26　INT1 中断程序

6. 实验步骤

（1）设定仿真器仿真模式为程序空间在仿真器上，数据空间在用户板上。把数模转换 DAC0832 输出 AOUT 孔连直流电机 DCIN 孔，数模转换 DAC0832 的 CS32 孔连"译码器"的 YC2 孔，CKM 孔（霍尔器件输出孔）连 P3.2 孔。

（2）编程并编译。首先将断点设在中断服务程序入口，运行程序，如果程序进入中断处理程序入口，则表明中断初始化程序正确，如果碰不到断点则首先应检查初始化程序是否有错。把断点设在中断程序结束处，检查在单位定时内，T1 计数值是否与电机转速符合。再调试二转十子程序，最后调试整个实验程序，排除软件错误。连续运行时，通过键盘输入 0～9 之间的任意两位数，显示在数码管左边的两位即为设定值，右边两位为电机当前转速。观察电机旋转工作状态，判断数码管上显示是否正确，修改程序直至达到本实验设计要求。（注：本实验电机转速范围一般应为 35～50 转/分）。

7. 思考问题

试编写一转速测量程序，测试电机转动周期 T，然后计算瞬时转速，并用 PID 调节使转速恒定在 25 转/分。

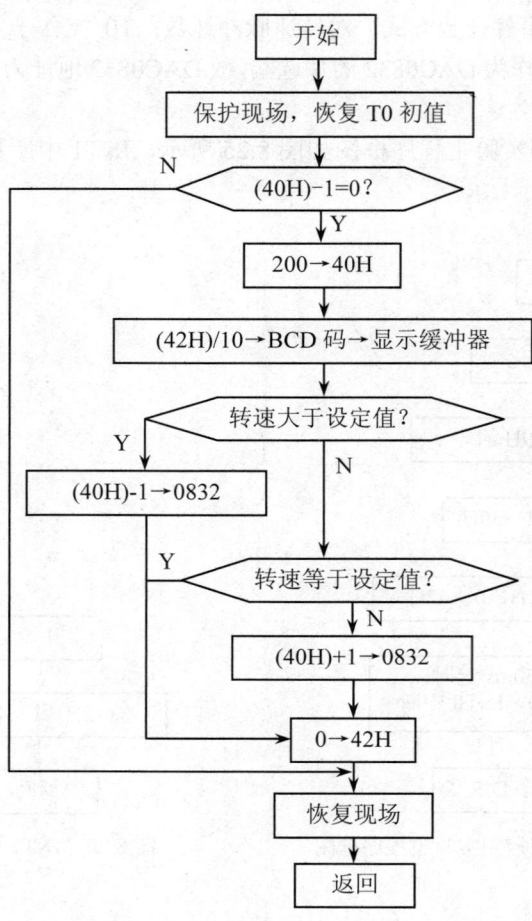

图 8.27 T0 中断程序框图

8. 汇编语言实验程序

```
DAOT    EQU  50H       ;中断次数计数单元
SCNT    EQU  51H       ;为送到 0832 的值
CKCH    EQU  52H       ;存放转速
CKCN    EQU  53H
SETP    EQU  54H
TEMP    EQU  55H
CS      EQU  90H
TIMES   EQU  46H
TEMP1   EQU  47H
OUTBIT  EQU  0E101H    ;位控制口
CLK164  EQU  0E102H    ;段控制口(接 164 时钟位)
DAT164  EQU  0E102H    ;段控制口(接 164 数据位)
IN      EQU  0E103H    ;键盘读入口
LEDBUF  EQU  39H       ;显示缓冲
```

```
            ORG     0000H
STRT:       LJMP    MAIN
            ORG     0003H
            LJMP    PINT0
            ORG     000BH
            LJMP    PTF0
            ORG     0030H
PTF0:       MOV     TH0, #0D0H
            PUSH    ACC
            PUSH    PSW
            SETB    PSW.3
            INC     TIMES
            MOV     A, TIMES
            CJNE    A, #40, PTFJ
            MOV     TIMES, #0
            MOV     A, CKCN
            MOV     TEMP1, A
            MOV     CKCN, #0
            SUBB    A, SETP
            JNC     TT3
            MOV     A, SCNT
            ADD     A, #2
            MOV     SCNT, A
            LJMP    TT4
TT3:        MOV     A, SCNT
            SUBB    A, #2
            MOV     SCNT, A
TT4:
            MOV     A, SCNT
            MOV     B, #100
            DIV     AB
            MOV     3EH, A
            MOV     A, B
            MOV     B, #10
            DIV     AB
            MOV     3DH, A
            MOV     A, B
            MOV     3CH, A
            MOV     A, TEMP1        ;SPEED
```

```
              MOV     B, #10
              DIV     AB
              MOV    3AH, A
              MOV    A, B
              MOV    39H, A
PTFJ:         NOP
              POP    PSW
              POP    ACC
              RETI
MAIN:         MOV    SP, #60H
              MOV    DPTR, #0E100H    ;8155 初始化
              MOV    A, #03H
              MOVX   @DPTR, A
              MOV    R0, #39H
              MOV    R7, #06H
MLP0:         MOV    @R0, #10H
              INC    R0
              DJNZ   R7, MLP0
              LCALL  DIR              ;调显示
              MOV    DAOT, #40H
              MOV    SCNT, #01H
              MOV    CKCH, #00H
              MOV    CKCN, #00H
              CLR    EA
              NOP
              SETB   EX1
              NOP
              CLR    IT1
              NOP
MLP1:         CALL   TESTKEY          ;有输入？
              JZ     MLP1             ;无输入，继续显示
              CALL   GETKEY           ;读入键码
              ANL    A, #0FH
              CJNE   A, #0AH, TT
              JNC    MLP1
TT:           MOV    3EH, A
              LCALL  DIR
MLP2:         CALL   TESTKEY          ;有输入？
              JZ     MLP2             ;无输入，继续显示
```

```
            CALL    GETKEY              ;读入键码
            ANL     A, #0FH
            CJNE    A, #0AH, TT1
            JNC     MLP2
TT1:        MOV     3DH, A
            MOV     A, 3EH
            MOV     B, #0AH
            MUL     AB
            ADD     A, 3DH
            MOV     SETP, A
            MOV     DPTR, #0A000H
            MOV     SCNT, #7FH
            MOV     A, SCNT
            MOVX    @DPTR, A
            MOV     A, #1
            ORL     A, TMOD
            MOV     TMOD, A
            MOV     TH0, #0D0H
            MOV     TL0, #00H
            MOV     TIMES, #0H
            SETB    TR0
            SETB    EA
            SETB    ET0
            SETB    EX0
            SETB    IT0
            SETB    EX1
            CLR     IT1
            NOP
            MOV     IP, #04H
            MOV     SCNT, #7FH
ML00P4:
            MOV     DPTR, #0A000H
            MOV     A, SCNT
            MOVX    @DPTR, A
            MOV     R7, #50
            DJNZ    R7, $
            LCALL   DIR
            LJMP    ML00P4
PINT0:      INC     CKCN
```

```
PIPI:       RETI
TESTKEY:
            MOV     DPTR, #OUTBIT
            MOV     A, #0
            MOVX    @DPTR, A            ;输出线置为0
            MOV     DPTR, #IN
            MOVX    A, @DPTR            ;读入键状态
            CPL     A
            ANL     A, #0FH             ;高四位不用
            RET
KEYTABLE:                               ;数字键码定义
            DB      00H, 01H, 04H, 07H
            DB      0FH, 02H, 05H, 08H
            DB      0EH, 03H, 06H, 09H
            DB      0DH, 0CH, 0BH, 0AH
            DB      10H, 10H, 10H, 10H, 10H
            DB      10H, 10H, 10H, 10H, 10H
GETKEY:     MOV     13H, #06H
            MOV     12H, #20H
KEY2:       MOV     A, 12H
            CPL     A
            MOV     R7, A
            MOV     DPTR, #0E101H
            MOV     A, R7
            MOVX    @DPTR, A
            MOV     A, 12H
            CLR     C
            RRC     A
            MOV     12H, A
            MOV     DPTR, #0E103H
            MOVX    A, @DPTR
            MOV     R7, A
            MOV     A, R7
            CPL     A
            MOV     R7, A
            MOV     A, R7
            ANL     A, #0FH
            MOV     14H, A
            DEC     13H
```

```
              MOV    R7, 13H
              MOV    A, R7
              JZ     KEY1
              MOV    A, 14H
              JZ     KEY2
KEY1:         MOV    A, 14H
              JZ     GETKEY6
              MOV    A, 13H
              ADD    A, ACC
              ADD    A, ACC
              MOV    13H, A
              MOV    A, 14H
              JNB    ACC.1, GETKEY1
              INC    13H
              SJMP   GETKEY3
GETKEY1:      MOV    A, 14H
              JNB    ACC.2, GETKEY2
              INC    13H
              INC    13H
              SJMP   GETKEY3
GETKEY2:      MOV    A, 14H
              JNB    ACC.3, GETKEY3
              MOV    A, #03H
              ADD    A, 13H
              MOV    13H, A
GETKEY3:      MOV    DPTR, #0E101H
              CLR    A
              MOVX   @DPTR, A
GETKEY4:      MOV    R7, #0AH
              LCALL  DELAY
              LCALL  TESTKEY
              MOV    A, R7
              JNZ    GETKEY4
              MOV    R7, 13H
              MOV    A, R7
              MOV    DPTR, #KEYTABLE
              MOVC   A, @A+DPTR
              MOV    R2, A
              RET
```

```
GETKEY6:    MOV     R2, #0FFH
            RET
WAITRELEASE:
            MOV     DPTR, #OUTBIT       ;等键释放
            CLR     A
            MOVX    @DPTR, A
            MOV     R6, #10
            CALL    DELAY
            CALL    TESTKEY
            JNZ     WAITRELEASE
            MOV     A, R2
            RET
DIR:        SETB    0D3H
            MOV     R0, #LEDBUF
            MOV     R1, #6              ;共 6 个八段管
            MOV     R2, #00000001B      ;从左边开始显示
LOOP:       MOV     DPTR, #0E101H
            MOV     A, #00H
            MOVX    @DPTR, A            ;关所有八段管
            MOV     DPTR, #0A000H
            MOV     A, SCNT
            MOVX    @DPTR, A
            MOV     A, @R0
            MOV     DPTR, #LEDMAP
            MOVC    A, @A+DPTR
            MOV     B, #8               ;送 164
DLP:        RLC     A
            MOV     R3, A
            MOV     ACC.0, C
            ANL     A, #0FDH
            MOV     DPTR, #0E102H
            MOVX    @DPTR, A
            MOV     DPTR, #0E102H
            ORL     A, #02H
            MOVX    @DPTR, A
            ANL     A, #0FDH
            MOVX    @DPTR, A
            MOV     A, R3
            DJNZ    B, DLP
```

```
           MOV     DPTR, #0E101H
           MOV     A, R2
           MOVX    @DPTR, A            ;显示一位八段管
           MOV     R6, #1
           MOV     DPTR, #0A000H
           MOV     A, SCNT
           MOVX    @DPTR, A
           CALL    DELAY
           MOV     A, R2               ;显示下一位
           RL      A
           MOV     R2, A
           INC     R0
           DJNZ    R1, LOOP
           MOV     DPTR, #0E101H
           MOV     A, #0
           MOVX    @DPTR, A
           CLR     0D3H                ;关所有八段管
           RET
LEDMAP:                                ;八段管显示码
           DB      3FH, 06H, 5BH, 4FH, 66H, 6DH, 7DH, 07H
           DB      7FH, 6FH, 77H, 7CH, 39H, 5EH, 79H, 71H
           DB      00H
DELAY:     MOV     R7, #0              ;延时子程序
DELAYLOOP:
           DJNZ    R7, DELAYLOOP
           DJNZ    R6, DELAYLOOP
           RET
           END
```

8.11　实验四十一　点阵 LED 广告屏实验

1. 实验目的

掌握点阵 LED 的原理和程序设计方法；掌握 74LS164 扩展并口的方法。

2. 实验内容

在点阵 LED 上显示"5"。

3. 程序框图

点阵 LED 广告屏实验程序框图如图 8.28 所示。

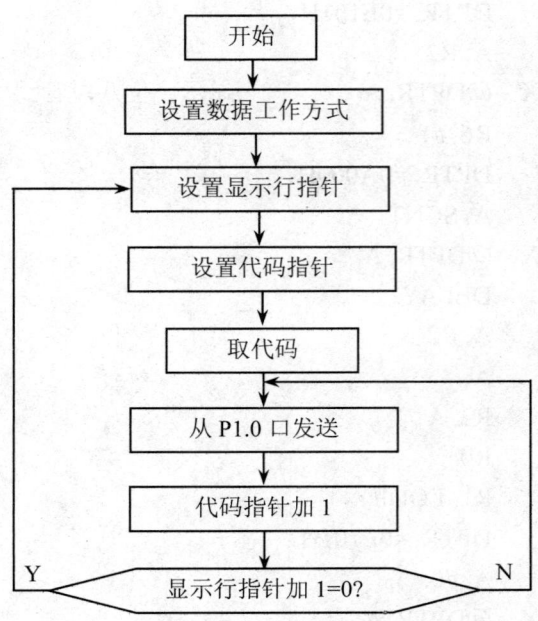

图 8.28 点阵 LED 广告屏实验程序框图

4. 实验电路

点阵 LED 广告屏实验电路如图 8.29 所示。

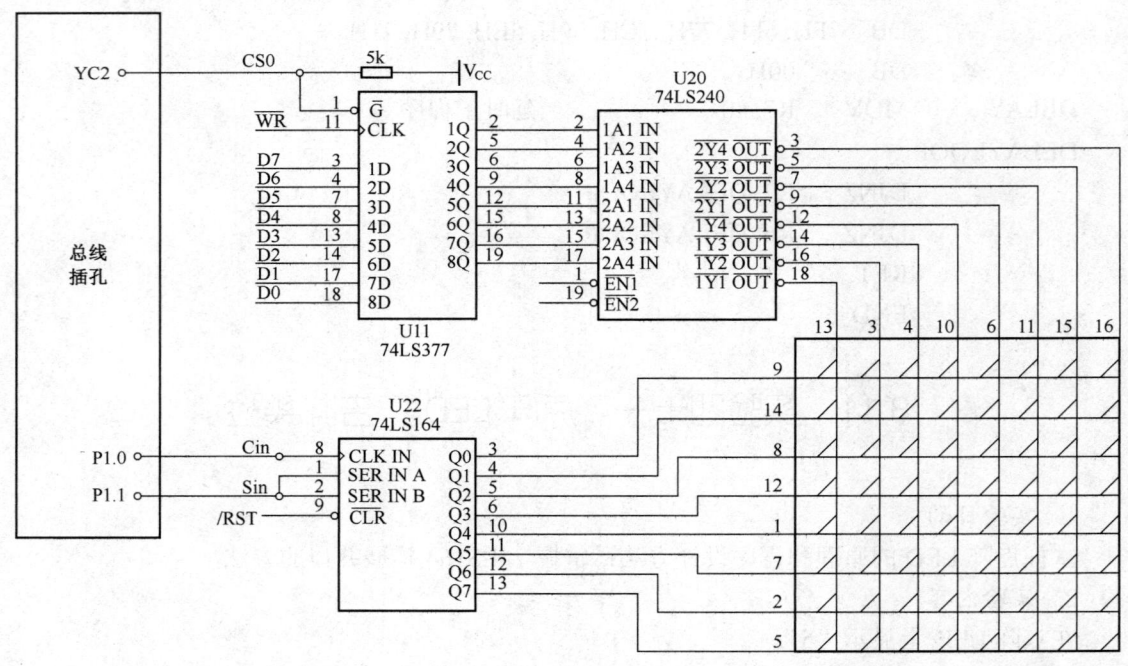

图 8.29 点阵 LED 广告屏实验电路

5. 实验步骤

（1）设定仿真模式为程序空间在仿真器上，数据空间在用户板上。

（2）"译码器"YC2（0A000H）孔连"点阵 LED"左侧 CS0 孔，"系统资源区"中 P1.1 孔连 SIN 孔，P1.0 孔连 CIN 孔。

（3）设计程序，调试并通过。

6. 实验程序

```
;实验连线：P1.0－CIN；P1.1－SIN；CS0－YC2
            CLK     EQU P1.0
            DINA    EQU P1.1
MIAN:       MOV     SP, #60H
            CLR     C
SEND1:      MOV     R0, #080H
            MOV     DPTR, #CODED1
SEND:       CLR     A
            MOVC    A, @A+DPTR
            PUSH    DPH
            PUSH    DPL
            MOV     DPTR, #0A000H
            MOVX    @DPTR, A
            MOV     A, R0
            ACALL   SENDTO
            POP     DPL
            POP     DPH
            INC     DPTR
            MOV     A, R0
            RRC     A
            MOV     R0, A
            LCALL   DELAY
            JB      ACC.0, SEND1
            SJMP    SEND
DELAY:      MOV     R7, #01
DELAY0:     MOV     R4, #40
DELAY1:     MOV     R3, #28
            DJNZ    R3, $
            DJNZ    R4, DELAY1
            DJNZ    R7, DELAY0
            RET
CODED1:     DB    03EH, 063H, 003H, 07EH, 060H, 060H, 07FH, 000H    ;"5"
SENDTO:
```

```
                PUSH    ACC
                CLR     CLK
SENDTIME:
                MOV     R3, #08H
                MOV     A, R0
                CLR     C
SENDCY:
                RLC     A
                MOV     DINA, C
                SETB    CLK
                CLR     CLK
                DJNZ    R3, SENDCY
                POP     ACC
                RET
                END
```

7. C语言实验程序

```c
#include <reg51.h>
#include <absacc.h>
#define LEDARRAY XBYTE[0xa000]
#define uchar unsigned char
sbit CLK =P1^0;
sbit DINA =P1^1;
uchar code TAB[8]={0x7f,0x60,0x60,0x7e,0x03,0x63,0x3e,0x00};
void DELAY();
void sendto(unsigned char dat);
bdata unsigned char kdat;
sbit cc=kdat^0;
void main()
{
    uchar i,j;
    uchar k=0xff;
      while(1)
        {
           j=0x80;
            for(i=0;i<8;i++)
            {
               LEDARRAY=TAB[i];
               sendto(j);
               j=j>>1;
               DELAY();
               DELAY();
            }
        }
```

```c
}
void sendto(unsigned char dat)
{
unsigned char i;
    CLK=0;
    kdat=dat;
    for(i=0;i<8;i++)
        {
            DINA=cc;
            CLK=1;
            CLK=0;
            kdat=kdat>>1;
        }
}
void DELAY(void)
    {
        uchar i=220;
            while(i--);
    }
```

8.12　实验四十二　红外线遥控实验

1. 实验目的

（1）了解红外遥控电路的原理及编码方法。
（2）了解远程控制的一般原理和方法。
（3）学习如何编写红外发射和接收程序。
（4）了解单片机控制外部设备的常用电路。

2. 实验内容

利用超想-3000TC 综合实验仪上的红外线接收、发送器件，编写程序发送和接收红外信号，实现近距离的无线通信。

3. 实验说明

红外遥控为现在最常用的近距离无线通信方式，它是将数字信号用红外线发送出去。为了让受控设备能识别信号，要将数字信号编码。现今红外有很多编码标准，常见有 PHILIPS 的 RC5 格式和 NEC 格式。本实验为了简化，采用我们自己设计的一种编码方式。下面将详细说明。

在普通场合，有很多红外发射源，如白炽灯、日光、发热体等，这些都会干扰红外信号，所以在发射时，还要将数字脉冲信号调制在 30～40K 的载波上，以抑制这些红外干扰。本实验采用最常用的 38K 载波。为了抗干扰，还可以在接收处适当地加一些隔离。本实验接收部分采用的是一体化接收头，将信号解调和放大全部做在一起，提高了可靠性。这样，接收头送到单片机的就是编码的数据信号，而不是调制信号，数据的解码通过单片机来完成。

本实验使用的编码包括四部分：引导码、4 位数据码、4 位数据反码和数据间隔。引导码用于标识一个数据的开始,数据码为有效数据,数据反码是将有效数据取反后编码,用于提高数据的识别率(见图8.30)。

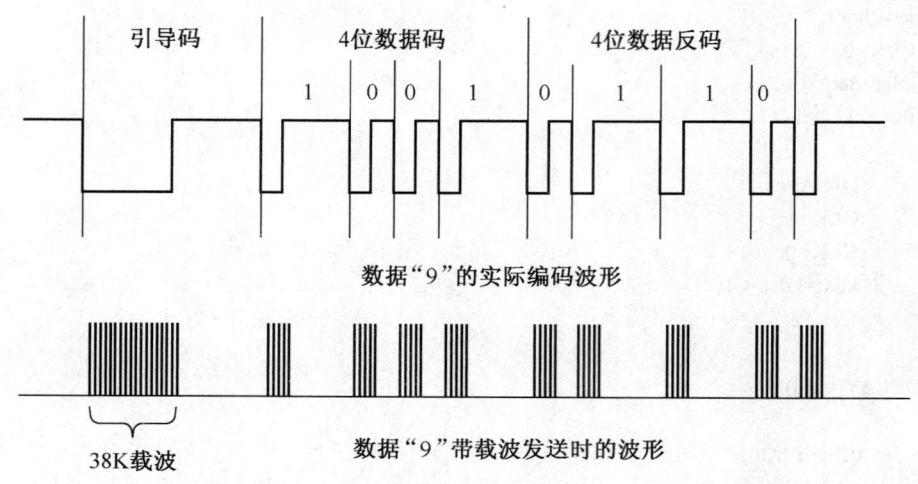

图 8.30　数据"9"的波形

引导码由 5ms 低电平和 5ms 的高电平组成,数字位'0'由 1ms 低电平和 1ms 高电平组成,数字位'1'由 1ms 低电平和 3ms 高电平组成。数据间隔为 20ms(见图8.31)。

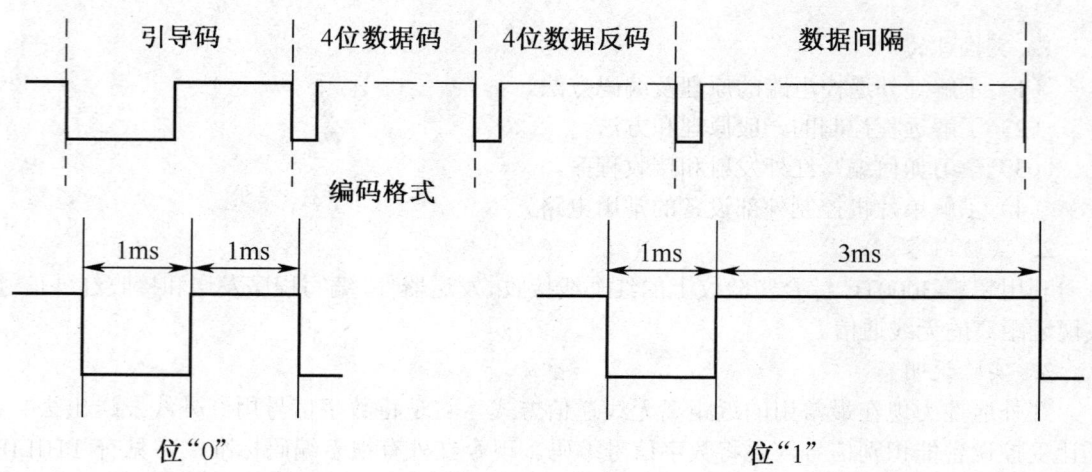

图 8.31　编码格式

在用脉冲控制红外发射管时,是低电平有效,即当输出低电平时,红外管导通发光。单片机输出的脉冲信号被反向驱动后,驱动红外管产生脉冲信号。

接收红外编码信号时,判断信号变化时间长短,就可以对信号进行译码,从而得到对方发过来的数据。

4. 程序框图

这里只给出红外发送和接收的子程序框图(见图8.32和图8.33),有关键盘和显示的程序框图请参见相关部分。

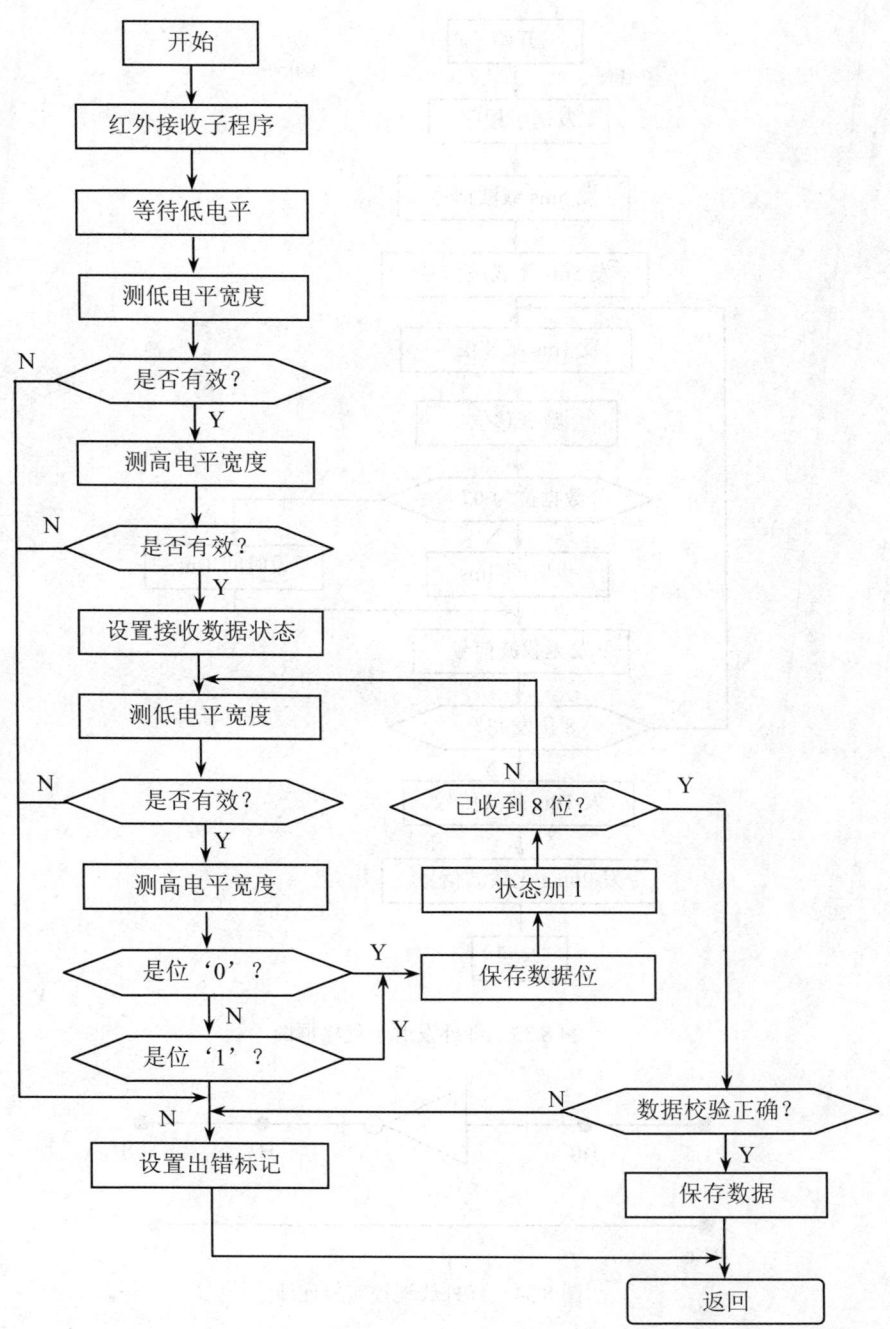

图 8.32 红外接收子程序框图

5. 实验连线

红外线遥控实验连线如图 8.34 所示。

6. 实验步骤

（1）本实验需要两台实验系统：一台发送，另一台接收。

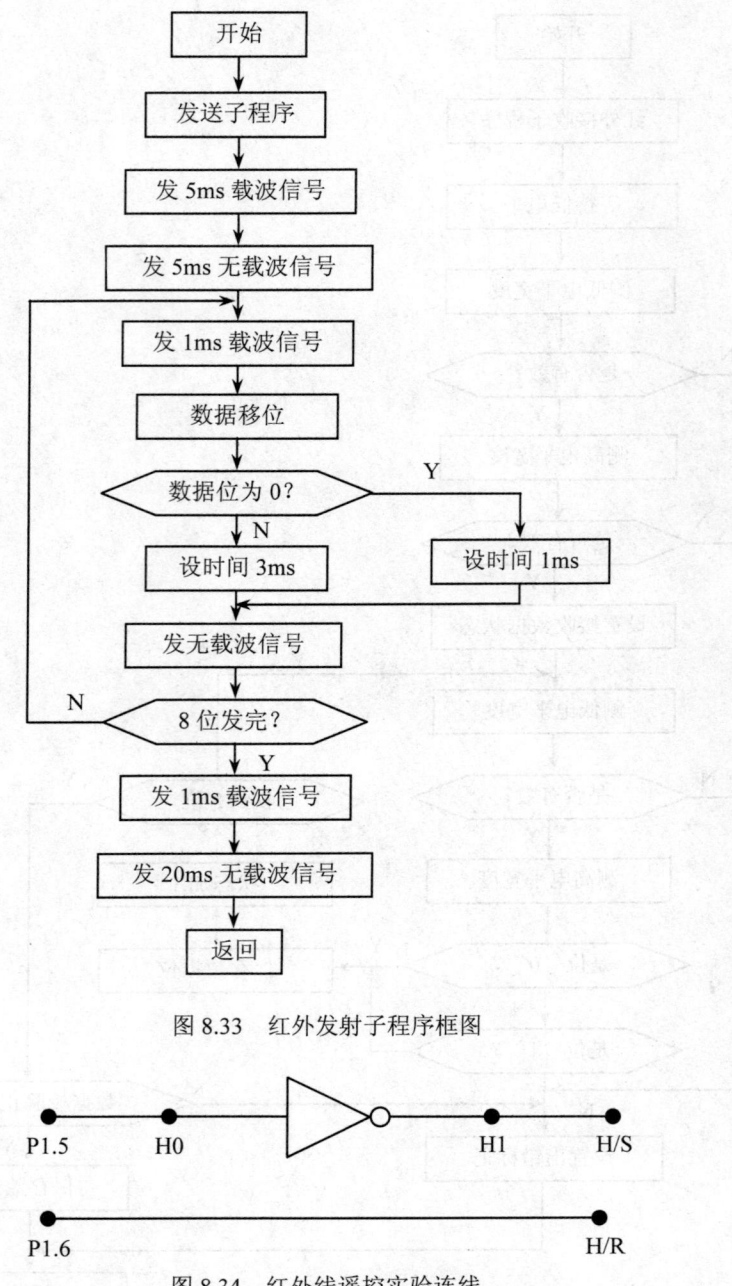

图 8.33 红外发射子程序框图

图 8.34 红外线遥控实验连线

（2）设定工作模式为程序空间在仿真器上，数据空间在用户板上。
（3）P1.5 孔经反向器后接 H/S 孔，P1.6 孔接 H/R 孔。
（4）设计程序，调试并通过。

7. 实验程序

```
OUTBIT   EQU 0E101H              ;位控制口
CLK164   EQU 0E102H              ;段控制口（接 164 时钟位）
```

```
DAT164    EQU 0E102H               ;段控制口（接164数据位）
IN        EQU 0E103H               ;键盘读入口
;脉冲宽度下限
LDHMIN    EQU 0CBH
LDLMIN    EQU 0CBH
P0HMIN    EQU 0F3H
P0LMIN    EQU 0F3H
P1HMIN    EQU 0DEH
;脉冲宽度上限
LDHMAX    EQU 0D0H
LDLMAX    EQU 0D0H
P0HMAX    EQU 0F9H
P0LMAX    EQU 0F9H
P1HMAX    EQU 0E3H
;发送信号时载波信号宽度
SEND5     EQU 192
SEND1     EQU 38
SEND3     EQU 115
LEDBUF    EQU 60H                  ;显示缓冲
STATUS    EQU 70H
RCVDAT    EQU 71H
SNDDAT    EQU 72H
VLDMIN    EQU 73H
VLDMAX    EQU 74H
HASDAT    EQU 75H
          ORG 0000H
          LJMP    START
LEDMAP:                            ;八段管显示码
          DB   3FH, 06H, 5BH, 4FH, 66H, 6DH, 7DH, 07H
          DB   7FH, 6FH, 77H, 7CH, 39H, 5EH, 79H, 71H
DELAY:                             ;延时子程序
          MOV     R7, #10H
DELAYLOOP:
          DJNZ    R7, DELAYLOOP
          CALL    IR_RECEIVE
          DJNZ    R6, DELAYLOOP
          RET
DISPLAYLED:
          MOV     R0, #LEDBUF
```

```
            MOV     R1, #6                  ;共 6 个八段管
            MOV     R2, #00100000B          ;从左边开始显示
    LOOP:
            MOV     DPTR, #OUTBIT
            MOV     A, #0
            MOVX    @DPTR, A                ;关所有八段管
            MOV     A, @R0
            MOV     B, #8                   ;送 164
    DLP:
            RLC     A
            MOV     R3, A
            MOV     ACC.0, C
            MOV     DPTR, #DAT164
            ANL     A, #0FDH
            MOVX    @DPTR, A
            MOV     DPTR, #CLK164
            ORL     A, #02H
            MOVX    @DPTR, A
            ANL     A, #0FDH
            MOVX    @DPTR, A
            MOV     A, R3
            DJNZ    B, DLP
            MOV     DPTR, #OUTBIT
            MOV     A, R2
            MOVX    @DPTR, A                ;显示一位八段管
            MOV     R6, #1
            CALL    DELAY
            MOV     A, R2                   ;显示下一位
            RR      A
            MOV     R2, A
            INC     R0
            DJNZ    R1, LOOP
            RET
    TESTKEY:
            MOV     DPTR, #OUTBIT
            MOV     A, #0
            MOVX    @DPTR, A                ;输出线置为 0
            MOV     DPTR, #IN
            MOVX    A, @DPTR                ;读入键状态
```

```
            CPL     A
            ANL     A, #0FH              ;高四位不用
            RET
KEYTABLE:                                ;键码定义
            DB      00H, 01H, 04H, 07H
            DB      0FH, 02H, 05H, 08H
            DB      0EH, 03H, 06H, 09H
            DB      0DH, 0CH, 0BH, 0AH
            DB      10H, 10H, 10H, 10H, 10H
            DB      10H, 10H, 10H, 10H, 10H
GETKEY:     MOV     13H, #06H
            MOV     12H, #20H
KEY2:       MOV     A, 12H
            CPL     A
            MOV     R7, A
            MOV     DPTR, #0E101H
            MOV     A, R7
            MOVX    @DPTR, A
            MOV     A, 12H
            CLR     C
            RRC     A
            MOV     12H, A
            MOV     DPTR, #0E103H
            MOVX    A, @DPTR
            MOV     R7, A
            MOV     A, R7
            CPL     A
            MOV     R7, A
            MOV     A, R7
            ANL     A, #0FH
            MOV     14H, A
            DEC     13H
            MOV     R7, 13H
            MOV     A, R7
            JZ      KEY1
            MOV     A, 14H
            JZ      KEY2
KEY1:       MOV     A, 14H
            JZ      GETKEY6
```

```
                MOV     A, 13H
                ADD     A, ACC
                ADD     A, ACC
                MOV     13H, A
                MOV     A, 14H
                JNB     ACC.1, GETKEY1
                INC     13H
                SJMP    GETKEY3
GETKEY1:        MOV     A, 14H
                JNB     ACC.2, GETKEY2
                INC     13H
                INC     13H
                SJMP    GETKEY3
GETKEY2:        MOV     A, 14H
                JNB     ACC.3, GETKEY3
                MOV     A, #03H
                ADD     A, 13H
                MOV     13H, A
GETKEY3:        MOV     DPTR, #0E101H
                CLR     A
                MOVX    @DPTR, A
GETKEY4:        MOV     R7, #0AH
                LCALL   DELAY
                LCALL   TESTKEY
                MOV     A, R7
                JNZ     GETKEY4
                MOV     R7, 13H
                MOV     A, R7
                MOV     DPTR, #KEYTABLE
                MOVC    A, @A+DPTR
                MOV     R2, A
                RET
GETKEY6:        MOV     R2, #0FFH
                RET
WAITRELEASE:
                MOV     DPTR, #OUTBIT   ;等键释放
                CLR     A
                MOVX    @DPTR, A
                MOV     R6, #10
```

```
            CALL    DELAY
            CALL    TESTKEY
            JNZ     WAITRELEASE
            MOV     A, R2
            RET
TESTLOW:                                ;检测低电平宽度
            MOV     R7, #0
WAITHIGH0:
            MOV     R6, #0BH
WAITHIGH:
            JB      P1.6, LOWWIDTH
            DJNZ    R6, WAITHIGH
            DJNZ    R7, WAITHIGH0
            MOV     R7, #0              ;出错
LOWWIDTH:
            MOV     A, R7
            RET
TESTHIGH:                               ;检测高电平宽度
            MOV     R7, #0
WAITLOW0:
            MOV     R6, #0BH
WAITLOW1:
            ;MOVX   A, @DPTR
            JNB     P1.6, HIGHWIDTH
            DJNZ    R6, WAITLOW1
            DJNZ    R7, WAITLOW0
            MOV     R7, #0              ;出错
HIGHWIDTH:
            MOV     A, R7
            RET
TESTVALID:                              ;脉冲是否在有效范围内？
            CJNE    A, VLDMIN, VT01
            JMP     VALID               ;A = #MIN
VT01:
            JNC     VT02                ;A > #MIN
            JMP     INVALID             ;A < #MIN
VT02:
            CJNE    A, VLDMAX, VT03
            JMP     VALID               ;A = #MAX
```

```
VT03:
        JNC     INVALID             ;A > #MAX
        JMP     VALID               ;A < #MAX
INVALID:
        SETB    C
        RET
VALID:
        CLR     C
        RET
IR_RECEIVE:                         ;红外接收
        PUSH    PSW
        SETB    RS0
        JNB     P1.6, LEAD_L        ;是否有红外信号？
        POP     PSW                 ;无，则退出
        RET
LEAD_L:
        CALL    TESTLOW             ;引导码低电平
        MOV     VLDMIN, #LDLMIN
        MOV     VLDMAX, #LDLMAX
        CALL    TESTVALID
        JNC     LEAD_H
        JMP     ERROR
LEAD_H:
        CALL    TESTHIGH            ;引导码高电平
        MOV     VLDMIN, #LDHMIN
        MOV     VLDMAX, #LDHMAX
        CALL    TESTVALID
        JNC     PULSE_L
        JMP     ERROR
PULSE_L:
        MOV     STATUS, #1          ;开始接收数据码
PULSE_T:
        CALL    TESTLOW             ;数据码低电平
        MOV     VLDMIN, #P0LMIN
        MOV     VLDMAX, #P0LMAX
        CALL    TESTVALID
        JNC     ITS0L
        JMP     ERROR
ITS0L:
```

```
            CALL    TESTHIGH                ;数据码高电平
            MOV     VLDMIN, #P0HMIN
            MOV     VLDMAX, #P0HMAX
            CALL    TESTVALID               ;'0'数据位的高电平?
            JNC     ITS0H
            JMP     NEXT5
ITS0H:
            MOV     A, RCVDAT               ;数据码移位到缓冲
            RRC     A
            MOV     RCVDAT, A
            INC     STATUS
            MOV     A, STATUS
            CJNE    A, #9, PULSE_T          ;是否已收到8位数据?
            JMP     PROCESS
NEXT5:
            MOV     VLDMIN, #P1HMIN
            MOV     VLDMAX, #P1HMAX
            CALL    TESTVALID               ;'1'数据位的高电平?
            JNC     ITS1H
            JMP     ERROR
ITS1H:
            SETB    C
            JMP     ITS0H
PROCESS:                                    ;对收到的数据进行校验
            PUSH    B
            MOV     A, RCVDAT
            MOV     B, A
            ANL     B, #0FH
            ANL     A, #0F0H
            SWAP    A
            XRL     A, B
            POP     B
            CJNE    A, #0FH, ERROR
            MOV     A, RCVDAT
            ANL     A, #0FH
            MOV     HASDAT, #1
            POP     PSW
            RET
ERROR:      ;出错退出
```

```
            POP     PSW
            RET
CARRIER0:
            SETB    P1.5                    ;发送载波信号，P1.5 = 发送脚
            NOP
            NOP
            NOP
            NOP
            NOP
            CLR     P1.5
            RET
CARRIER1:
            CLR     P1.5                    ;发送载波信号，P1.5 = 发送脚
            NOP
            NOP
            NOP
            NOP
            NOP
            CLR     P1.5
            RET
IR_SEND:
            MOV     R0, #SEND5              ;引导码低电平
LEADERH:
            CALL    CARRIER0                ;发载波信号
            DJNZ    R0, LEADERH
            MOV     R0, #SEND5              ;引导码高电平
LEADERL:
            CALL    CARRIER1                ;无载波信号
            DJNZ    R0, LEADERL
            MOV     STATUS, #0              ;准备发数据位
SENDP:
            MOV     R0, #SEND1              ;数据码低电平
SP0:
            CALL    CARRIER0                ;发载波信号
            DJNZ    R0, SP0
            MOV     A, SNDDAT
            MOV     R0, #SEND1              ;'0'数据位高电平
            RRC     A
            MOV     SNDDAT, A
```

```
            JNC     SP2
            MOV     R0, #SEND3        ;'1'数据位高电平
SP2:
            CALL    CARRIER1          ;无载波信号
            DJNZ    R0, SP2
            INC     STATUS
            MOV     A, STATUS
            CJNE    A, #8, SENDP      ;8位数据已发完
            MOV     R0, #SEND1        ;发停止位
SP3:
            CALL    CARRIER0
            DJNZ    R0, SP3
            MOV     R0, #0            ;数据间的间隔
            MOV     R1, #3
SP4:
            CALL    CARRIER1
            DJNZ    R0, SP4
            DJNZ    R1, SP4
            RET
START:
            MOV     SP, #40H
            MOV     DPTR, #0E100H
            MOV     A, #03H
            MOVX    @DPTR, A
            MOV     LEDBUF, #0FFH     ;显示 8.8.8.8.
            MOV     LEDBUF+1, #0FFH
            MOV     LEDBUF+2, #0FFH
            MOV     LEDBUF+3, #0FFH
            MOV     LEDBUF+4, #0
            MOV     LEDBUF+5, #0
            MOV     HASDAT, #0
MLOOP:
            MOV     A, HASDAT
            JNZ     SHOW_DAT
            CALL    DISPLAYLED        ;显示
            CALL    TESTKEY           ;有输入?
            JZ      MLOOP             ;无输入,继续显示
            CALL    GETKEY            ;读入键码
            ANL     A, #0FH           ;显示键码
```

```
                MOV     B, A                    ;将键码编码
                CPL     A
                ANL     A, #0FH
                SWAP    A
                ORL     A, B
                MOV     SNDDAT, A
                CALL    IR_SEND                 ;红外发送
                LJMP    MLOOP
SHOW_DAT:
                MOV     HASDAT, #0
                MOV     LEDBUF+4, #0
                MOV     A, RCVDAT
                ANL     A, #0FH
                MOV     DPTR, #LEDMAP
                MOVC    A, @A+DPTR
                MOV     LEDBUF+5, A
                LJMP    MLOOP
                END
```

8.13 实验四十三 PWM 实验

1. 实验内容
固定周期内，改变脉宽（即修改其占空间比），再经外部积分电路形成直流电压，从而实现对电机的速度控制。

2. 实验连线
PIN 接 P1.1；POUT 接 DCIN；CKM 接 P3.2。

3. 实验框图
PWM 实验程序框图如图 8.35 所示。

4. 汇编语言实验程序

```
                ORG     0000H
                SJMP    INI
INI:
                NOP
                MOV     TMOD, #02H
                MOV     TH0, #0FEH
                MOV     TL0, #0FEH
                MOV     IE, #02H
                SETB    TR0
                SETB    P1.1
```

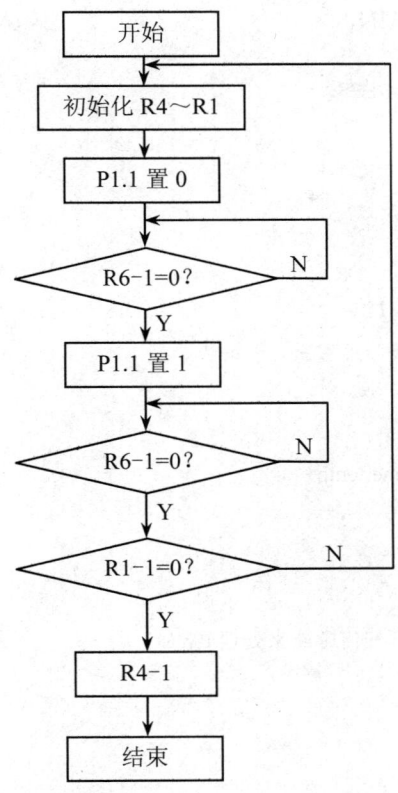

图 8.35 PWM 实验程序框图

```
        SETB    00H
        MOV     R4, #0FEH
        MOV     R1, #80H
        SJMP    MAIN
MAIN:
        MOV     A, R4
        CLR     P1.1
        MOV     R6, A
        DJNZ    R6, $
        SETB    P1.1
        MOV     A, R4
        CPLA
        MOV     R6, A
        DJNZ    R6, $
        DJNZ    R1, MAIN
        DEC     R4
        MOV     R1, #80H
```

```
        AJMP    MAIN
        END
```

5. C 语言实验程序

```c
#include"reg52.h"
sbit P1_1=P1^1;
void delay()
{
    unsigned int i;
        for(i=0;i<=500;i++);
}
void delay_pwm(time)
{
    unsigned char temp;
    for(temp=0;temp<=time;temp++);
}
void main()
{
    unsigned char i,j,k,time;
//按照试验说明，不需要开任何中断来处理 PWM
    P1_1=1;
    delay();
    i=0x0fe;
    j=0x80;
    k=0;
    while(1)
    {
        P1_1=0;
        delay_pwm(i);
        P1_1=1;
        time=~i;
        delay_pwm(time);
        i=i--;
    if(i==0)
        {
        i=0x80;
        }
    }
}
```

附录　单片机芯片引脚图

MCS-51 (8055/8031/8751)

引脚	名称		名称	引脚
1	P10		V_{CC}	40
2	P11		P00	39
3	P12		P01	38
4	P13		P02	37
5	P14		P03	36
6	P15		P04	35
7	P16		P05	34
8	P17		P06	33
9	RESET		P07	32
10	RXD		$\overline{EA}/VP$	31
11	TXD		ALE/$\overline{P}$	30
12	INT0		$\overline{PSEN}$	29
13	INT1		P27	28
14	T0		P26	27
15	T1		P25	26
16	$\overline{WR}$		P24	25
17	$\overline{RD}$		P23	24
18	X2		P22	23
19	X1		P21	22
20	GND		P20	21

8155

引脚	名称		名称	引脚
1	PC3		V_{CC}	40
2	PC4		PC2	39
3	IMRIN		PC1	38
4	RESET		PC0	37
5	PC5		PB7	36
6	IMROUT		PB6	35
7	IO/$\overline{M}$		PB5	34
8	CE		PB4	33
9	$\overline{RD}$		PB3	32
10	$\overline{WR}$		PB2	31
11	ALE		PB1	30
12	AD0		PB0	29
13	AD1		PA7	28
14	AD2		PA6	27
15	AD3		PA5	26
16	AD4		PA4	25
17	AD5		PA3	24
18	AD6		PA2	23
19	AD7		PA1	22
20	GND		PA0	21

8255

引脚	名称		名称	引脚
1	PA3		PA4	40
2	PA2		PA5	39
3	PA1		PA6	38
4	PA0		PA7	37
5	$\overline{RD}$		$\overline{WR}$	36
6	$\overline{CS}$		RESET	35
7	GND		D0	34
8	A1		D1	33
9	A0		D2	32
10	PC7		D3	31
11	PC6		D4	30
12	PC5		D5	29
13	PC4		D6	28
14	PC0		D7	27
15	PC1		V_{CC}	26
16	PC2		PB7	25
17	PC3		PB6	24
18	PB0		PB5	23
19	PB1		PB4	22
20	PB2		PB3	21

8251

引脚	名称		名称	引脚
1	D2		D1	28
2	D3		D0	27
3	RxD		V_{CC}	26
4	GND		$\overline{RxCLK}$	25
5	D4		$\overline{DTR}$	24
6	D5		$\overline{RTS}$	23
7	D6		$\overline{DSR}$	22
8	D7		RESET	21
9	TxCLK		CLK	20
10	$\overline{WR}$		TxD	19
11	$\overline{CS}$		TxEMPT	18
12	C/$\overline{D}$		$\overline{CTS}$	17
13	$\overline{RD}$		SYNDET	16
14	RxRDY		TxRDY	15

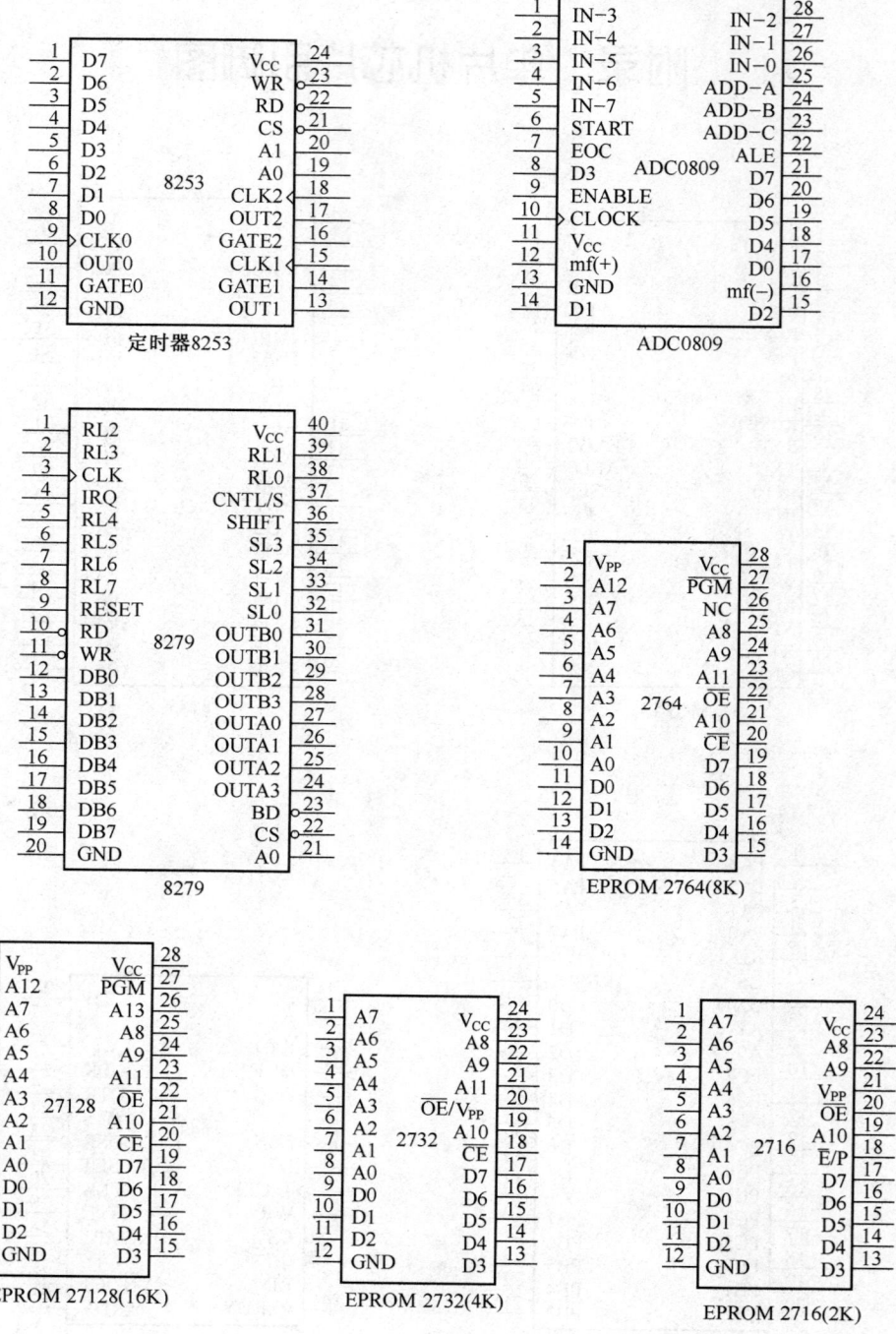

附录 单片机芯片引脚图

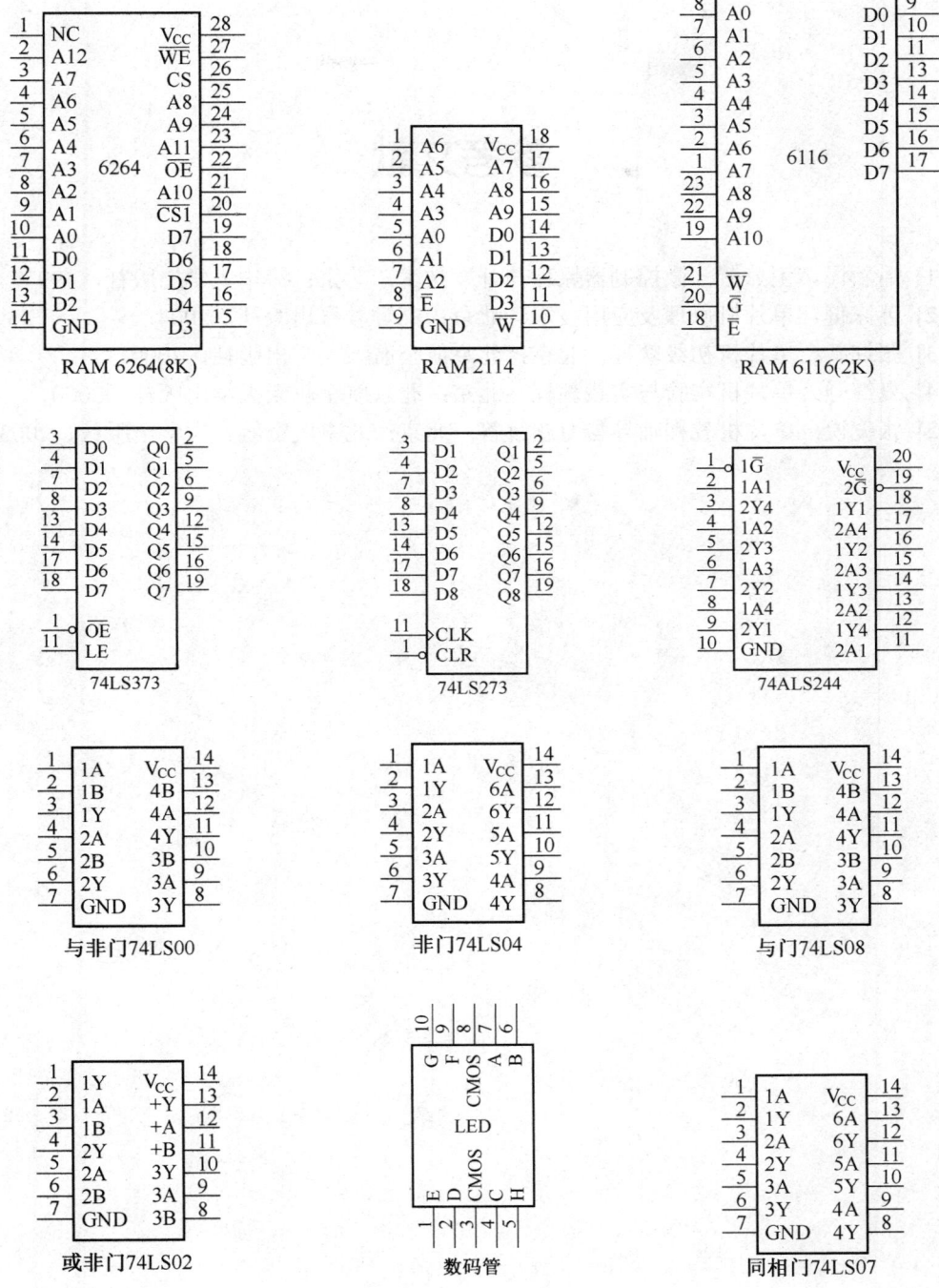

参考文献

[1] 潘新民，王燕芳．微控制器原理与开发技术．北京：清华大学出版社，1997．
[2] 苏家健．单片机原理及应用技术．北京：高等教育出版社，2004．
[3] 张迎新．单片机初级教程．北京：北京航空航天大学出版社，2000．
[4] 夏继强．单片机实验与实践教程．北京：北京航空航天大学出版社，2000．
[5] 张俊谟．单片机教程辅导与习题解答．北京：北京航空航天大学出版社，2003．